乘风飞翔，

遇见更好的自己

胡华清◎著

中国纺织出版社有限公司

内 容 提 要

人生向来艰难，要想成为一只鸟儿，就必须经受住逆风飞翔的痛苦。凤凰涅槃，浴火重生，当我们想要突破自己、超越自己，同样需要以顽强不屈的姿态勇敢地翱翔，直冲九霄。

本书从多个角度出发，阐述了需要怎么做，才能成为更好的自己。对于每个人而言，最大的成功是活成自己想要的模样，而不是在生命的历程中迷失方向，也不是虚度生命的光阴，最终碌碌无为、一事无成。乘风飞翔，遇见更好的自己；乘风飞翔，活成想要的模样。

图书在版编目（CIP）数据

乘风飞翔，遇见更好的自己 / 胡华清著. --北京：中国纺织出版社有限公司，2020.7（2020.7重印）
ISBN 978-7-5180-7243-9

Ⅰ. ①乘… Ⅱ. ①胡… Ⅲ. ①成功心理—通俗读物
Ⅳ. ①B848.4-49

中国版本图书馆CIP数据核字（2020）第047747号

责任编辑：赵晓红　　责任校对：王蕙莹　　责任印制：储志伟

中国纺织出版社有限公司出版发行
地址：北京市朝阳区百子湾东里A407号楼　邮政编码：100124
销售电话：010-67004422　传真：010-87155801
http://www.c-textilep.com
中国纺织出版社天猫旗舰店
官方微博http://weibo.com/2119887771
三河市延风印装有限公司印刷　各地新华书店经销
2020年7月第1版　2020年7月第2次印刷
开本：880×1230　1/16　印张：6
字数：108千字　定价：39.80元

前言

在威斯敏斯特大教堂下面，有一片墓碑林。其中，有一块墓碑举世闻名，原因并不在于这块墓碑的质地多么独特，也不在于墓碑的主人多么声名远扬，而在于墓碑上有一段发人深省的话。墓碑的主人曾经梦想着改变世界，他做了很多的努力和尝试，但是始终都没有成功。他先是试图改变国家，后来又试图改变身边的人，到生命的最后关头才意识到，首先应该改变的是自己。只有先改变自己，才能以自己的力量来影响身边的人，进而影响整个国家、改变世界。的确，很多人都会犯这样的错误，他们明知道可以主宰的只有自己，但是却总是自不量力地想要改变世界。正是在这样的过程中，他们一路跌跌撞撞，碰得鼻青脸肿，最终却发现除了自己，什么也改变不了。

面对人生，很多人都感慨有太多不能改变的东西。对于外界不能改变的一切，我们是继续努力前行，还是畏缩胆怯和后退呢？我们是相信自己可以爆发出强大的力量，真正地主宰和驾驭人生，还是对于自己全盘否定呢？真正的人生强者可以接受命运的一切安排，对于欢喜的，他们不会得意张狂；对于悲伤的，他们也能做到坦然接受。

现实生活中，每个人都是独立的生命个体，面对相似甚至是相同的人生境遇，他们的人生态度不同，结果也当然不会相同。不得不说，现实是残酷的，我们总是怀着浪漫主义的想法去追逐梦想，现实却总是毫不留情地打击我们。即便如此，我们也要坚强以对。坚持尝试，也许会有成功的可能性，如果彻底放弃，那就意味着和成功绝缘。篮球巨星乔丹曾经说过，一个人无法改变自己的出身，但是却可以改变自己的命运。现实之中，有太多的人奢望公平，却不知道世界上根本没有绝对的公平存在。

正如人们常说的，只为成功找方法，不为失败找借口。毋庸置疑，找借口是最容易的，因为当失败横亘在面前，随便找一个理由都能成为我们被失败纠缠的借口。和找借口相比，为成功找到方法则难上加难。生命总是反复无常，也许前一刻还是晴空万里，后一刻却乌云蔽日。在任何时候，抱怨都不能解决问题，我们唯一能做的就是振奋精神、勇往直前。哪怕遭遇坎坷挫折，也绝不轻易放弃，哪怕经受命运的考验，也能挺直脊梁勇敢地面对。

此时此刻，你感受到风了吗？风吹乱了你的头发，却不能吹乱你的心境；风让你感到寒冷，却无法吹灭你心中始终熊熊燃烧的希望。每一只雄鹰都曾经经受痛苦，才能飞到高空之中；每一个强者都曾经接受命运的考验，才能拥有越发坚强的力量！

作者

2019年10月

目 录

第1章

逆风才能高飞，追寻梦想的旅程很难一路顺风

顺风固然省力气，逆风才能高飞。在人生的道路上，很少有人能够一帆风顺，大多数人都会遭遇各种各样的坎坷挫折，与其一蹶不振，不如借助遭遇坎坷的机会，展翅翱翔，说不定还能一飞冲天呢！

目标是人生的领航灯

很久之前，哈佛大学的一位教授针对刚刚入学的100名学生进行调查，他问这些新生："在未来10年，你们有什么计划？等到毕业之后，你们想从事什么工作？拥有怎样的人生？"对于教授的这个提问，虽然大部分新生都说出了自己的梦想，但是当教授要求他们为实现梦想制订清晰的目标和明确的计划时，只有10位新生有计划有目标，剩下的90位新生都非常迷惘，特别懵懂，根本不知道自己要怎么做才能距离梦想越来越近。教授针对这些新生进行了长期的跟踪调查，10年之后发现，10位拥有明确目标的新生，每个人都实现了自己的梦想，或者即使距离梦想还有些遥远，但是也在实现梦想的道路上；而另外的90名新生，他们从事着普通的工作，拥有着寻常的人生，并没有真正成就人生的梦想，这是为什么呢？这100名哈佛大学的新生都同样是在名校里学习和毕业的，而且他们都是佼佼者，都有很高的智商，也有非常渊博的知识，为何他们在同一个学校里学习、生活和成长，最终的人生却有天壤之别呢？就是因为他们之中只有10个人为了实现梦想树立了明确的目标，制订了详细的计划，而大多数人对于梦想只是说说而已。

从哈佛教授的这个调查中，我们可以得出一个结论：要想获得成功，必须分两步走，第一步是确立明确的目标，并且为了实现目标而制订详细可行的计划；第二步是要当机立断去做。在这两个步骤之中，哪怕缺少任何一步，都是不可能真正获得成功的。目标对于每个人而言都非常重要，它就像是人生中的灯塔，越是在人生感到迷惘和黑暗的时候，灯塔的作用也就越强大。

没有目标的人生就像无头苍蝇一样四处乱撞，只有在清晰明确的目标指引下，我们才能成为最优秀的船长，驾驶着人生的帆船，向着目的地驶去。在有了目标之后，如果不能制订切实可行的计划，当机立断展开行动，那么即使有再远大的目标，也不可能真正实现。

杰米和露西是一对年轻的夫妻，他们还没有孩子，所以就养了一只小狗。平日里每当闲暇的时候，他们就会和小狗一起玩，还会训练小狗做一些简单的动作。有一次，他们去马戏团观看表演，发现马戏团里的小狗非常聪明。他们也想让自己家的小狗变得很聪明，于是专门邀请了一位驯兽师对小狗展开训练。驯兽师问："你们的目标是什么？"杰米和露西感到非常惊讶："目标是什么意思？"驯兽师笑着解释："就是你们希望小狗能够达到什么水平，学会做什么，学会什么技能，这就是训练小狗的目标。"杰米和露西不由得笑起来："我们只是希望小狗能够更加懂事、听话，嗯，并没有太明确的目标。"驯兽师说："如果你们对小狗没有目标，那我怎么来训练它呢？必须有目标，我才能够对它进行训练。例如你们希望它能够捡起很多东西，或者是看家护院，或者是陪孩子玩耍。只有确定了目标，我才能进一步开展工作。”杰米和露西只好为小狗确定一个目标，那就是能够帮助主人做一些简单的事情，如拿东西等。驯兽师得到明确的目标之后，当即对小狗进行训练。经过一段时间的训练，小狗变得越来越聪明，总是能够把杰米丢开的东西捡回来。有的时候，露西给小狗发出指令，小狗也能够执行。杰米和露西看到小狗的变化这么大，感慨颇深。

原本很随性的杰米和露西也给生活确定了目标，杰米希望自己在两年的时间内能够升职加薪，露西希望自己能够在两年内考取一个有用的证书，这样将来才能够更好地生活和工作。从此之后，杰米和露西对生活目标明确，不管做什么事情都充满动力。

古往今来，很多有成就的人都非常看重目标。作为美国保险业的鼻祖，布兰德曾经为自己的一生制订了详细的计划，并且写了一本书，书的内容就是关于人生计划的。在这本书里，他对于目标和计划给予了极高评价，并且告诉人们只有确立学习目标和工作计划，并且真正地把它们付诸行动，才能够创造生命的奇迹，实现人生的价值。大名鼎鼎的科学家爱因斯坦也曾经说过，一个人必须有崇高的目标，才能够得到强大的推动力，进而坚持努力学习和全力工作。哪怕他的进步很慢，但只要假以时日、坚持不懈，最终一定会有所成就的。由此可见，对于每个人来说，目标和规划都是非常重要的，要想让人生更有效率、更加高效，我们就一定要为实现目标而制定详细的规划，这样才能让目标和计划成为人生的加分项。

这个世界上成功者只是凤毛麟角，失败者却很多，还有更多的人都非常平庸，这不是因为每个人先天的条件相差很大，也未必是因为每个人后天的条件有所不同，而是因为他们之中，有的人有明确的目标和计划，也能够为了实现梦想而不断努力，但有的人却总是被动地面对人生，总是疏于规划人生。

具体而言，我们要做到以下几点。第一，现在就确定一个明确的目标。有了目标，我们才有指航灯，也才有指南针。没有目标，我们就像在大海上漂泊的船，根本无法靠岸。第二，确立目标之后，根据目标制订切实可行的计划。目标如果只是目标，渐渐地就会变成空想，永远不会被付诸实践。作为运动员，要想到达终点，就必须拼尽全力去奔跑。作为一个有目标的人，我们也要进行相应的努力，做出实际的行动，这样才能真正接近目标。第三，为了更好地实现目标，应该积极地积累资源，为自己的成功创造条件。战士上战场的时候，如果手里没有枪，那么即使他的内心非常强大，也无法战胜敌人。我们每个人要想获得成功，只有渴望成功的心是远远不够的，一定要为自己积累资本、创造条件，才能够距离梦想越来越近，也才能够掌握更多的知识，提升自身的智慧，让自己变得更加强大起来。第四，付诸行动，这是最后一点，也是最重要和最关键的一点。前期的一切努力都是为这一点做铺垫，这是因为行动是实现目标的有效方法，而且是必须采取的方法。哪怕目标再远大，如果从来没有付诸行动，那么目标就会变成空想，而不可能真正地实现。每个成功者在光鲜亮丽的背后，都有过艰苦卓绝的努力和坚持，我们无须羡慕成功者的成功，而是积极地向成功者学习，努力坚持，把一切做到最好，也能够让梦想照进现实。

永远不要放弃信念

一个人拥有怎样的信念，就会拥有怎样的人生，这句话听起来并非绝对有道理，但大多数人都已经印证了这句话。有人说，心若改变，世界也随之改变，从本质上而言，只有心的改变是远远不够的，当心中产生了新的想法，或者对人生有了新的设想，我们还要努力地展开行动，这样才能让信念支配人生，也才能让人生在信念的强大作用下，创造辉煌，绽放光彩。很多人都不知道信念是什么，信念的含义非常丰富，仅仅从字面上来理解，所谓信指的是话，所谓念，指的是心，那么，把信念两个字合起来，就是一个人对自己的心所说的话。在人生之中，每个人都会遇到各种各样的不如意，在遭遇坎坷挫折的时候，能够为自己提供最强大动力的就是信念。所以说，一个人只有从心里拥有力量，才能够成为真正的强者；反之，如果一个人从心里就没有力量，那么即使别人给予他再多的支持与鼓励，他也会对人生缺乏希望。对于缺乏信念的人，别人想要去帮助他其实是很难的。记得曾经在网络新闻上看到一篇文章，内容是一个八九岁的男孩患上了多器官衰竭症。他对父母说“我很累，想睡一会儿”，说完这句话，他就陷入深度的昏迷。对于大多数陷入昏迷的患者来说，他们之所以能够清醒过来，是因为他们有着顽强的求生信念，然而对于这个男孩而言，他很难真正地战胜疾病，因为医生发现他毫无求生意志，他甚至非常迷恋和享受昏迷的感觉，不愿意醒过来。不得不说，这是非常可怕的状态，无异于向死亡缴械投降。

人生总是艰难的，如果没有信念，在面对各种各样的挫折和打击时，如何能够挺直脊梁去面对，如何能够鼓起勇气去坚持，如何能够在摔倒之后重新站起来勇敢地面对人生呢？外界赋予我们的力量固然重要，但实际上，来自我们内心的信念和力量才是更为重要的。真正信念强大的人，哪怕面对再多挫折和磨难，也绝不会放弃，即使遭遇无数次失败，也会再次站起来，努力向前。发明大王爱迪生在发明电灯的时候，尝试了1000多种材料，进行了7000多次实验，只为了找到合适的材料制作灯丝。然而，等待着他的是一次又一次的失败。有一次，他又失败了，就连助理都感到很沮丧，说：“这样什么时候才是个头呢？”爱迪生却说：“经过这次实验，我们至少知道哪种材料不适合用作灯丝，这就是巨大的进步。”正是因为有着这样顽强的信念，爱迪生才会坚持进行无数次的实验，直到最终发明了电灯，为整个世界都带来光明。爱迪生进行的7000多次实验中，大多数实验都以失败而告终，如果内心没有强大的信念作为支撑，没有顽强不屈的精神和毅力，爱迪生根本不可能发明电灯。

信念对于人会产生很强大的力量，既能够激发出人的潜能，也能够帮助人们更加积极地进行思考，还能够让人们努力地寻找办法来解决问题。有的时候，人们即使身处险境，也能够坚持，就是信念在发生作用。

广东的一条街道上曾发生了一起严重的火灾，火灾的事发地是多层楼房顶层的一户人家。一家三口当时正在睡觉呢，突然发生了大火，等到他们意识到险情的时候，已经没有办法通过正常的路径逃生了。为了争取时间等待救援，他们只能爬到屋子里凸出去的防盗窗上。然而，火苗肆虐，火势蔓延，他们很快就被大火烧到了。虽然他们努力地贴着防盗窗，但是大火无情，这个时候爸爸妈妈选择保护孩子。爸爸抱着孩子紧紧地贴着防盗窗，让孩子透过防盗窗呼吸空气，爸爸用自己的身体为孩子挡住大火。在爸爸后面，妈妈作为第一道防线，在靠近火苗的地方，用身体挡住爸爸和孩子。大火燃烧的视频在网络上疯传，通过视频，我们可以看到妈妈头发已经烧燃了，但是妈妈的脸始终向着孩子和爸爸。她的身体一动不动一直保持着上身挺直的状态，就是为了给孩子和爸爸更多更久的保护。

这是母爱的伟大。当年在学习《火烧邱少云》这篇文章的时候，很多人都质疑邱少云在被火燃烧的时候是否真的能够保持身体纹丝不动，也不发出任何声音。今天，这个母亲用她伟大的母爱向我们证明了，当一个人拥有顽强的信念，他的身体就会具有无穷的承受力。想想吧，妈妈的头发已经着火了，但是她的身体保持僵直的状态，不愿意挪动分毫，甚至她都没有挣扎和扭曲。在最后的一刻，我们不知道妈妈和丈夫、孩子说了什么，但是我们知道她最大的心愿就是希望能够和爸爸一起努力，保护孩子的生命，让孩子活下去。

有人说这是母爱的力量，其实这是母爱产生的信念发挥的力量。母亲在被活活烧死之际，忍受着常人无法忍受的疼痛，拼尽最后一点力量，只为了让孩子能够活下去。也可以说，在这个世界上，最强大的力量就来自信念，一个人如果没有信念作为支撑，会显得非常软弱。

在沙漠里，有一支探险队正在艰难地前行，每一个队员身上都背负着沉重的行李。已经没有水喝了，大家都很渴，而且非常疲惫，而这个时候，他们还迷路了，不管是领队还是队员，全都心急如焚，他们觉得生存的希望越来越渺茫。为了鼓励大家坚持走出沙漠，领队拿出一个沉甸甸的水壶对大家说：“我们只剩下最后这壶水了，但是我们现在不能喝，我们必须活着，穿越沙漠，要等到走出沙漠之后才能喝。”大家原本以为水早就已经喝完了，现在看到领队又拿出一壶水，不由得感到精神振奋，虽然这壶水现在不能喝，但是他们知道，一旦有人遇到生命危险的时候，领队一定会用这壶水来救大家的命。为了让大家感受到这壶水的分量，领队把水壶传递给队员，让每个队员都掂一掂这壶水，亲自感受这壶水。感受到这壶水的分量和蕴含的生机，队员们的精神都振奋起来，最终他们全都成功地走出了沙漠。这个时候，领队把大家召集起来，当着大家的面打开了这壶救命的水。让大家惊讶的是，水壶里装的根本不是水，而是很多的沙子。大家都为领队的做法而感动，如果不是领队用这壶沙子来激励他们，帮助他们树立顽强的求生意识、坚定信念，那么他们现在也许早就已经葬身沙漠了。

在一场矿难中，有十几个矿工都被压在下面。大家全都感到很悲观，因为他们处在一个密闭的空间里，这个空间里的空气，也许只够他们呼吸几个小时的。在矿难刚刚发生的时候，大家每隔一段时间都会问其中一个戴手表的矿工过去多久了。每当大家询问的时候，戴手表的矿工就会如实告诉大家答案。随着时间一分一秒的流逝，这个旷工明显地觉察到同事们的情绪越来越低落和消沉，他想出了一个办法。他对大家说："你们总是问我时间，这太消耗光亮了，我们应该把头顶上的灯灭掉，然后由我每隔半个小时就告诉大家一次时间，你们觉得如何呢？"这个矿工说得很有道理，因为谁也不知道何时才能等来救援，所以大家都同意了这个提议。就这样，每隔半个小时，矿工就给大家报时间。其实大家不知道的是，这个矿工并非是每隔半个小时就给大家报时间，而是会在45分钟或者一个小时以后，才会告诉大家时间又过去半个小时。在完全黑暗中，没有人知道时间到底过去了多久，也许过得很快，也许过得很慢，有矿工为大家报时，大家安心多了。

十几个小时过去了，空气越来越稀薄，大家都觉得呼吸困难，戴手表的矿工鼓励大家："才过去几个小时，我们生存的希望还是很大的，一定要坚持等到救援队伍到来，我们就可以获救了！毕竟救援需要挖掘，是要花费大量时间的，我们一定要耐心、坚强地等待。"就这样又过去了20多个小时，在塌方的上方终于传来了声音，大家全都很兴奋，而那个报时的矿工却一声不吭。等到被救上来之后，大家才发现时间已经过去30多个小时，那个报时的矿工因为很准确地知道时间的流逝，也知道他们生存的可能性越来越小，在稀薄的空气中，他的求生意志很弱，最终因为绝望而死去。然而，他却用一个善意的谎言，帮助大家都活了下来，这是因为在他的谎言之下，每个人都始终保持着顽强的求生信念，不愿意放弃。

信念的力量非常强大，它就像暗夜里的一盏灯，能够给世界带来光明；它就像是一把火，能够点燃人们心中的激情、热情和潜能。每个人都应该拥有信念，但仅仅拥有信念还不够，因为人们总是容易受外界的各种因素所影响，也总是因为内心的胆怯而选择放弃。每当这时，信念就会动摇。要想因为信念而坚持，并且获得成功，就要端正心态，更加勇敢和坚强。每个人不管拥有怎样的梦想，都要坚定不移地坚持信念，而不是总是轻而易举地放弃信念。

人人都想获得成功而不愿意失败，人人都希望自己的人生能够璀璨辉煌，而不想默默无闻。然而那些耀眼的成功并非偶然获得的，成功从来不是一蹴而就或者轻而易举得到的，要想成功，就一定要在实现梦想的道路上不断坚持，哪怕遇到再多的困难挫折，哪怕走遍所有的荆棘坎坷，哪怕遇到高滩险阻，我们也要坚持不懈。所有成功者都是信念坚定的人，他们有着顽强不屈的意志，他们面对人生的一切磨难都无所畏惧，他们坚信自己能够战胜一切困难，所以他们最终得到成功的青睐，获得人生真正的胜利。

就好比打牌，没有人知道自己会抓到怎么样一手牌。抓到好牌，固然欢呼雀跃，抓到坏牌呢，也不能够就把牌扔掉，而是要坚定信念，才能够走过漫长坎坷的道路，才能够遇到人生中更好的境遇。然而，始终保持顽强的信念并不是一件容易的事情，首先，我们要保持良好的心态，在遇到想不通的问题时，一定要积极地开导自己，而不要顺着负面的思想沉沦下去。只有不断地进行自我疏导，每个人才能在成长的道路上始终勇敢向前。其次，我们要学会安慰自己，人生不如意十之八九，没有人的人生会是一帆风顺的，与其抱怨，不如保持内心的平衡，给自己减轻压力。面对生活中的不如意，坦然地接受；面对各种各样的失败，从失败中汲取教训、积累经验，这样才能踩着失败的阶梯坚持向前。顽强不屈的信念并不是与生俱来的，而是我们在后天成长过程中渐渐形成的，任何时候，当我们的内心积极向上，我们就会拥有信念的力量，就会在信念的激发下，拥有不一样的人生。

正确认识自己，合理规划人生

在和别人聊起梦想的话题时，你头脑中的第一反应是什么？是浩渺无边的宇宙，还是青山绿水间的游玩，还是在图书馆里埋头苦学，或者是在教室的三尺讲台上传道授业？每个人都有自己的梦想，每个人都是这个世界上独立的生命个体。我们无法与别人完全相同，更无法让自己的梦想与别人相同。一个人要想拥有与众不同的人生，就必须制订人生规划，有很多人很难说清楚自己想要怎样的人生，为此他们一生之中浑浑噩噩、一事无成。要想让人生更加充实和成功，我们就要对梦想有更深刻的认知，对于人生更加执着地追求。

前文说过，有梦想是远远不够的，还要有人生的规划，要理性地认识自己，然后合理地规划人生，这样才能够推动梦想从雏形到发展到成熟，最终得以完成。这样的梦想，对于每个人而言都是非常珍贵的。那么，什么是人生规划呢？在西方国家，有很多学校都会引导孩子规划人生，然而在我们的国家里，很多孩子对人生都是没有规划的，甚至没有理想和梦想。其实，相比起那些具有明确的人生目标和具体的人生规划的人，迷茫彷徨的人在起点上就已经落后了。充实精彩的人生，必然要以梦想和理想作为基础，必然要以规划作为实施的保障，这样才能够按部就班、脚踏实地地向前发展。当然，规划并非一成不变，这是因为我们的人生总是处于变化之中，如果要求规划一经制定就不能有所改变，那么规划就很难适应人生中遇到的各种各样的情况。理性的人应该随时随地调整人生的规划，这样才能够与时俱进，不断地提升和完善自己，也坚持成就自我。

纵观全世界，哈佛大学都是非常牛的一所学校，哈佛大学的莘莘学子遍布世界各地，其中不乏有总统、科学家、文学家等在各个领域做出伟大贡献的佼佼者。很多学生都把考入哈佛大学作为自己最伟大的梦想，然而这可不是一件简单容易的事情，要想进入哈佛大学，就不能只是埋头苦干，而是更要讲究方式方法。以此为基础，再加上勤奋刻苦，才能收获更多。学习真正的意义并不在于给学生灌输各种各样的知识，而是要引导学生学会学习，引导学生认识自己，能够发挥自身的优势来形成核心竞争力。古人云，授人以鱼，不如授人以渔。不管是父母还是老师，都要引导孩子健康成长，拥有完善的心智，这样孩子的人生才会更加精彩。

小时候，很多孩子都有过伟大的梦想，甚至这些梦想会遭到父母的嘲笑，让孩子在坚持梦想的道路上遇到更多的困难和阻碍，距离成功越来越远。台湾地区大名鼎鼎的散文家林清玄小时候和爸爸一起去地里干活，他告诉爸爸，他梦想着有朝一日能够坐在家里就赚到钱，也梦想着自己能够去埃及金字塔看一看。当时，爸爸就对林清玄说这是不可能实现的事情，也对林清玄的梦想嗤之以鼻。但是后来，林清玄成为非常出名的作家，他不但坐在家里就可以收到稿费，而且还亲自去看了上学时从图片上看到的金字塔，并且站在金字塔下拍了一张照片寄给爸爸。

梦想固然很诱人，但是如果梦想不切实际，则会变成空想。这是因为我们不管怎么努力都无法距离梦想更近，徒劳努力的时间越长，我们的内心越是容易感到疲惫，也越会否定自己，甚至彻底放弃梦想。真正能够激励人进步的梦想是那些既伟大又具有可行性的梦想，所以实现梦想需要具备两个条件，一是梦想要远大，要对人生有指导的意义；二是梦想要脚踏实地，这样才能够在人生的道路上始终激励我们前行。从某种意义上来说，梦想就像鞋子，正如人们所说的，鞋子是否合脚只有脚知道，那么梦想是否符合我们的实际情况，只有我们自己知道。在规划人生的时候，永远都要记住唯一的原则，那就是最合适，而不是最好，也不是最伟大、最高明。就像哈佛大学一样，虽然每个学子都想去哈佛学习，但并不是每个人都有能力考入哈佛，也不是每个家庭都能够供养孩子出国读书。人生的路需要脚踏实地地走，在规划人生的时候，我们要从实际情况出发，这样才能够真正地实现梦想，把所有瑰丽的计划全都变成现实。

每个孩子都有独属于自己的人生，也理应享受人生。遗憾的是，大多数孩子的人生都是由父母决定的。孩子渐渐长大，要学会成为人生的主宰，让自己变得更加强大。很多父母总是对孩子有着过高的预期，恨不得代替孩子做所有的事情，殊不知，溺爱非但不是爱，反而害了孩子。随着孩子各个方面的能力不断得以提升，真正明智的父母会给予孩子更多的自由，这样一来，孩子才会有理想、有主见。具体而言，在制定人生规划的时候，要做到以下几点。

第一，在制订计划的时候，一定不要贪心，很多人制订计划时总是盲目地追求完美，但是在现实的人生之中，却无法完全按照计划去一一实现，从而产生严重的挫败感。

第二，在对人生进行规划的时候，除了要有大的目标和方向之外，还要有详细的分步，也就是所谓的终极目标和短期目标。中期目标和短期目标都可以对长期目标进行分解，也可以让我们在实现短期目标之后，获得小小的成就感，得到激励，这有助于我们继续努力，保持进步的势头。

第三，很多人都喜欢比较，在制订计划的时候，也会情不自禁地为自己树立比较的对象。现代社会，很多父母看到别人家的孩子那么优秀，总是会忍不住把别人家孩子与自家的孩子进行比较，其实很多孩子都对父母这种盲目比较的行为深恶痛绝，因为每个孩子都有自己的优势和长处，也有自己的劣势和不足。父母爱孩子，就要接纳孩子、欣赏孩子，使孩子成为最优秀的自己，而不是成为任何模仿其他人获得成功的成功者。

人贵有自知之明，每个人都要认识自己，才能够合理地规划人生。在规划人生的时候，一定要做到认真细致，既要立志高远，又要脚踏实地，这样的规划才能对人生起到切实的指导意义，也产生行之有效的助力。

坚持激励自己，始终勇往直前

人人都有梦想，但是成功者却寥寥无几，这是因为大多数人在有了梦想之后，很快就会把梦想抛之脑后，屈服于现实，而没有执着于努力实现梦想。甚至有些人认为梦想没有意义，从未想过自己的梦想是什么。不得不承认，并非每个人都能实现自己的梦想，但是每个人一定要拥有属于自己的梦想，并且为了实现梦想而不懈努力。这是因为梦想是人生的希望所在，也是人生的引航灯，如果没有梦想，人生就会失去方向，也会失去存在的意义。其实，只要我们认真努力，选择以正确的方式去成长，还是有可能实现梦想的。在哈佛大学，有很多学生都实现了自己人生的梦想，是因为他们都秉承哈佛大学的优秀传统，坚持对自己进行激励。

很多人误以为激励应该来自外界，实际上，自我激励对于成功者是至关重要的。一个人做出特定的行为，有可能是因为外界的驱动力驱使，也有可能是因为受到内部驱动力的激励，相比外部驱动力的力量有限，内部驱动力是来自自己、作用于自己的，因而会具有更强大和持久的力量。我们唯有不断地激励自己，激发出自己的潜能，才能让自己在面对坎坷挫折的时候，始终坚定不移地前行，从而到达人生的巅峰。

拥有梦想是人生走向成功的第一步，一个人如果连想都不敢想，那么他是不可能有所作为的。在有了梦想之后，我们一定要把梦想看得很重，不管何时都为了实现梦想而坚持不懈，这样才能够在实现梦想的过程中战胜坎坷挫折，并且不断地努力进取。每当朝着梦想前进小小的一步，我们都会受到极大的激励和鼓舞，发自内心地为自己感到高兴。所有能够实现梦想的人，无一不是非常努力和执着的人，他们拥有源源不断的内部驱动力，在追求梦想的道路上，一往无前地进取。因为他们掌握了自我激励的方法，所以能够始终保持亢奋的精神，保持充足的信心。

在美国，有一家推广公司发展势头迅猛，这是因为这家公司的总裁弗朗斯总是积极激励自己，不断进取。在自主创业之前，弗朗斯严重肥胖，他每天都很不高兴，为了逃避现实，他甚至会把每天之中的18个小时用来睡觉。也许是因为只有在睡梦中的时候，他才能逃离自己糟糕的人生和可怕的现状。直到有一天，弗朗斯感到厌倦了，他不想再过这样的生活，决定要改变自己，也要主宰和驾驭自己的命运。

弗朗斯改变了昏昏欲睡的状态，每天都会听一些励志的录音带，从萎靡不振变得神采奕奕。有一位励志大师说，每个人每天都要肯定自己3次。但是弗朗斯坚持每天都肯定自己50次，他认为这么做才能起到更好的效果。事实上，这的确让弗朗斯精神振奋，像变了个人一样。因为肥胖，弗朗斯的形象很差。为了在自己心中塑造良好的形象，他以一个明星的照片作为激励，他把明星的照片张贴在卧室的墙上，而且还把自己的大头照贴在明星的头部位置。这样一来，他每时每刻都在幻想着自己变得和明星一样强大有力。在持续的自我激励下，他减去了几十斤的体重，整个人变得英俊帅气、充满自信。后来，弗朗斯尝试从事销售工作。他很有亲和力，而且积极乐观，喜欢与客户沟通，因此他的销售业绩一直非常好。随着职位的攀升，他晋升为经理，在更大的职业舞台上，他发挥出潜能，在短短的时间里就提升了公司的销售额，并且获得老总的赏识。后来，弗朗斯成立了属于自己的公司，创造了属于自己的品牌，这一切都是因为自我激励，他才能够实现。

一个人如果认为自己只能走很短的路，在即将到达极限的时候，他就会为自己设限，当超过极限的时候，他就会否定自己，也会停止行动。相反，一个人如果不为自己设限，认为自己无所不能，尽管这样的自信未必能够真正带来成功，但是却可以让他的人生拥有更多的可能性，也会激励他以更加勇敢的方式努力尝试。我们也许最终不会有弗朗斯那样的成就，但是只要我们和弗朗斯一样坚持激励自己，塑造自己的良好形象，主宰自己的命运，那么最终我们一定会拥有独属于自己的精彩，收获自己真正想要的人生。

在哈佛大学，一位教授曾经专门针对激励的作用进行调查。他发现，那些受到激励的人可以发挥至少80%的潜能，而那些没有受过激励的人，却只能发挥20%的潜能。这也就是说，一个人要想充分发挥潜能，就要经常进行自我激励，想必那些成功者之所以能够排除万难、获得成功，就是因为他们很擅长进行自我激励，而且因为他们总是能够坚持不懈，即使在面对坎坷挫折的时候，也从不放弃。成功者还很谦虚低调，他们在取得小小的成绩之后，会马上提高目标，为自己制订新的成功计划，而绝不会沾沾自喜、扬扬得意。这样一来，他们就能够再创佳绩。

成功从来不会一蹴而就，更不会从天而降，一个人要想拥有精彩的人生，就必须坚持激励自己，始终勇往直前。相信当我们知道自己真正想去的地方，当我们拼尽全力努力前行，全世界都会为我们让路。

有自知之明，人生更理性

对于有目标的人而言，他们就像是航海经验丰富的船长，依靠罗盘和指南针的指引，也借助于自身经验发挥作用，能够做到全力以赴地奔向目标。人生何尝不像在漫无边际的大海里航行呢，对于没有目标的人来说，只能随波逐流，根本看不到方向在哪里。在这样的状态下，哪怕我们开足马力航行了很远的距离，但是却始终不会靠近目的地，更不会到达终点。对于没有目标的人来说，人生就是迷茫的、漫无目的的旅程，因为不知道自己要去哪里，甚至没有心思欣赏沿途的风景，在人生即将结束时，才发现自己荒废了一生，无所成就，这当然是让人感到非常遗憾的。

有过海上航行的经历或森林里行走的经历的人都知道方向是很重要的。要想确定方向，就要先明确目标。还记得“南辕北辙”的故事吗？那个人为了到达目的地提前做了很多准备，而且这些准备非常充分，如他准备了充足的盘缠、结实的马车、强壮的马匹，还有经验丰富的车夫，但是他却搞错了一个根本性的问题，那就是没有确定正确的前进方向。因为方向错了，这些有利的条件最终都变成了不利的条件，只能使他距离目的地越来越远。

为自己确立梦想和目标，前提是什么呢？前提就是要清晰地认识自己，准确地定位自己，这样才能够为自己设立可行的目标，继而制订周密的计划。俗话说，人贵有自知之明。这句话是非常有道理的，一个人不管是妄自尊大还是妄自菲薄，都无法真正发挥自身的潜能，也不可能真正实现自己的人生理想。很多时候，人们面对未来会感到非常懊恼，这是因为他们从不确定人生的目标，也不知道人生的方向，更不知道凭着自己的能力到底可以到达什么样的高度。不得不说，没有目标、没有自知之明的人，常常会陷入自暴自弃的状态之中，他们看自己就像雾里看花，总是看不清楚。他们既不知道自己的优势和长处，也不确定自己应该做什么事情才会有所成就，更不知道自己的劣势和短处，总是在情不自禁中就选择了错误的方向，甚至在遭受失败打击的时候，只会一味地抱怨，而无法当机立断地反省自己、改正错误、提升和完善自己，从而让自己做得更好。

现代社会，总有些人特别在乎别人的看法。例如，有些人想买大房子，并非自己需要住大房子，而是因为想得到他人的羡慕；也有的人虽然拿着很低的薪水，而且家里也没有很多的钱，但是却总想买豪华的车子，是因为他们觉得好车可以给自己装门面，提升自己在他人心目中的位置。不得不说，这种人只要面子不要里子的行为，是很荒唐的。我们活着是为了自己，是为了实现人生的目标，是为了提升生活的品质，而不是为了自己所谓的虚荣去赢得别人更高的评价。人生如此短暂，与其为了别人的评价而不断地改变自己，还不如坚定不移地做好自己，始终牢记自己的梦想，始终坚持实现人生的目标，这样才不会浪费宝贵的生命时光，也才能实现生命的意义。

大名鼎鼎的文学家爱默生曾经说过，一个人只有拥有自知之明，才能选择正确的人生道路，也才能适宜地评价自己，从而避免被他人的意见和看法所左右。爱默生毕业于哈佛大学，他在文学领域做出了非常伟大的成就，也得到了人们至高的评价和赞誉。爱默生之所以能够在文学领域创造辉煌，是因为他很有自知之明，他对人生有准确清晰的目标，也有切实可行的准确定位，所以他能够认清楚自己，最终把了不起的文学梦变成了现实。

人的生命的时光是短暂的，只有对自己有清楚认知的人才能够准确定位自己，也才能够珍惜宝贵的生命时光，从而让人生有更好的发展，实现更深远的价值，也为社会和人类做出贡献。否则总是人云亦云，因为别人随意说了一句话，就马上改变自己的想法，想要去讨好迎合别人，赢得别人的赞许，最终却迷失了自己，这样的人生注定一事无成。

树林里长满了各种各样的树木，有些树木长得非常高大，高耸入云，有的树木长得很矮小，但是却挂满了果实。还有一些花儿正在绽放，它们五颜六色，释放出浓郁的芬芳，招蜂引蝶。只有一株小树苗看起来很不高兴，因为它不知道自己是什么树，也不知道自己有什么作用，更不知道自己是能开花，还是能结果，看着其他植物肆意地生长，绚烂地绽放，都各自实现了价值，小树苗非常羡慕。

苹果树看到小树苗失落的样子，对小树苗说：“你要努力地吸收营养，长得更高，你看看我，只要长得足够强壮，就能结出苹果，这样不是很好吗？”小树苗听了苹果树的话，又看了看苹果树的枝头挂满了红彤彤的苹果，非常激动，它当即把根扎得更深，努力地从土壤里吸收水分和养分。然而，它还没有来得及长高，玫瑰花又对小树苗说：“你长得那么高有什么用呢？你把营养都用来长高了，就不可能长出花骨朵开出花来。你不要听苹果树的话，你要想和它一样长出苹果来可不容易，你如果能开出鲜艳的花朵，不也能够得到大家的喜欢吗？你看我，虽然我没有果实，但是大家更爱我娇艳欲滴的花朵。现在的人尤其爱花，每到节日的时候就会把我作为礼物送给喜欢的人，这可是一种莫大的荣幸。”小树苗觉得玫瑰花说得很有道理，它也觉得自己结出苹果的希望很渺茫，于是它改变了想法，决定要像玫瑰花一样开出鲜艳的花朵。然而。它努力了很长的时间，连一个花骨朵都没有长出来，它感到非常郁闷。

有一天，一只喜鹊飞到小树苗的枝杈上歇脚，正好听到小树苗在唉声叹气，喜鹊感到很纳闷：“小树苗儿小树苗儿，你怎么了？树林里的空气这么好，土壤里含有充足的水分，你应该高兴才对呀，为何总是愁眉苦脸的呢？”小树苗说：“你成天在天空中自由地飞翔，不会知道我的烦恼。你看看我周围的这些植物，它们或者结出了果实，或者开出了花朵，唯独我什么都没有，除了这些绿色的叶子。可是绿色的叶子并不能吸引人们的注意，因为它们实在太普通了，我真不知道自己如何才能做到更好。”听到小树苗的话，喜鹊说：“其实你这样长满绿色的叶子非常漂亮。我觉得你应该先认识一下自己，而不要总是一听到别人说什么就盲目地改变自己。一个人最大的成功就是做自己，就像我是一只鸟，我就要在天空中翱翔，我不能奢望自己成为一个强壮的动物。虽然老虎狮子非常强壮，但是它们不能飞到天空中，也不可能从天空中看到地面上的景色。所以我就是我，我从来不羡慕别人，我只想做好一只小鸟。”在喜鹊的一番开导下，小树苗恍然大悟，它终于不再盲目听信别人的话，也不再因为别人的话随意改变自己，而是非常努力地生长，希望将来能够成为参天大树，长成一片绿荫，为人们带来阴凉。

即使作为一棵小树苗，也要有自知之明，否则就会不停地改变想法，一会儿想变成苹果树，一会儿又想变成玫瑰花，说不定随着时间的推移，还会想成为一只猎狗或者一只猫呢。然而，小树苗就是小树苗，它虽然没有果实，也没有花朵，但是它一旦长大，就能够为人们遮蔽骄阳。当人们在大树下乘凉的时候，小树苗就实现了自身的价值。小树苗如此，人更是如此。一个人要想有所成就，就一定要坚持做好自己，要有自知之明，认清自己的优势，发扬自己的长处，也要知道自己有哪些短处和不足，从而才能够扬长避短。在正式开始奋斗之前，我们一定要对自己有所了解，才能够确定合理的目标，也才能够制定详细的规划。远大的梦想很容易树立，然而实现梦想却很难做到。要想让梦想改变人生的色彩，要想铸就辉煌人生，我们就要脚踏实地地做好每一件事情。

首先，我们的梦想是有基础的，它的基础就是兴趣爱好。每个人都要做自己感兴趣的事情，因为兴趣是最好的老师，能够让我们在追求梦想的道路上充满动力，收获更好的结果。反之，如果做自己不感兴趣也不擅长的事情，那么我们就会非常被动。所以，扬长避短就是如此，尤其是现在社会讲究核心竞争力，我们更是要把梦想与兴趣结合起来，这样才能够让自己发展得更快更好。

其次，梦想尽管远大，但是我们却要脚踏实地。很多人都把梦想与不切实际的想法混为一谈，或者是与白日梦完全搞混了。殊不知，梦想与白日梦是截然不同的。白日梦是一个贬义词，用来形容那些脱离实际、根本不可能实现的想法。然而，生活却需要我们脚踏实地，也要以实事求是的精神面对各种磨难和挫折。俗话说，人生不如意十之八九，我们必须坚持不懈地勇敢向前，才能够在成长的道路上快速前进，真正到达人生的目的地。

再次，有了自知之明，也确立了明确的目标之后，我们还要制订一个圆满的计划，越是远大的梦想越是距离现实非常遥远，但是这并不意味着不可能实现梦想。正如马云所说的，梦想还是要有的，万一实现了呢。梦想会激发出我们的潜能，让我们在关键时刻有更出色的人生表现，然而，梦想毕竟距离我们的现实生活很遥远，这其中要走过漫长的路，这就是成功之路。不管我们树立怎样的梦想，都一定要制订切实可行的计划，这样才能够朝着梦想一步步前行。

最后，在实现梦想的过程中，我们要对自己有客观的认知和深入的了解。没有人能够避开人生所有的挫折和磨难，在成长的道路上，我们要正视挫折、接纳挫折，也认识到挫折的重要作用，这样才能够踩在挫折的阶梯上，努力向上，也才能够在失败中汲取教训、积累经验。每个人实现梦想的道路都充满坎坷与挫折，每个人的人生都会遇到各种各样的不如意，也会遭遇形形色色的困难，我们不应该因为遇到小小的打击就放弃梦想，而是要努力地调整好心态，这样才能在危急时刻坚持不懈，也才能够不断前进，距离梦想越来越近。

第 2 章

自爱才能被爱，你不必做到让所有人都满意

一个人如果连自己都不爱自己，还能奢望得到他人的爱吗？所以不要抱怨自己没有美好的成长与发展，也不要抱怨自己的人生不如意，此时此刻，我们最该做的就是接纳自己、悦纳自己，也对自己充满信心。真正的力量，就来自我们的心灵深处，每个人都要激发心底的正能量，让人生拥有无限的可能性。即使不被他人认可与欣赏也没关系，因为一个人无论怎样改变自己，都不可能让所有人满意，既然如此，我们当然要坚定不移地做好自己，也要全力以赴地活出独属于自己的精彩人生。

有主见有原则，不当墙头草

现实生活中，有一种人常常让人感到啼笑皆非，是因为他们很想发表自己的意见和想法，但是一旦遇到他人的反驳，或者发现他人与自己意见相悖，他们又会马上改变自己的观点，在两种有些矛盾或者是截然相反的观点之中，他们失去了主见。这些人总是盲目地随大流，顺从别人的说法而改变自己的说法，就像墙头草一样两边摇摆，也像是在海上航行的船只失去了动力一样，随波逐流。人们毫不客气地称呼他们为墙头草，这其实是一个带有贬义的词语。也许有人误以为墙头草的行为就是从谏如流，实际上墙头草是在毫无原则地放弃自我的意见，甚至在有危机的情况发生时，墙头草还会背叛。大多数人都很讨厌这样如同墙头草一样两边摇摆的人，而墙头草本人却常常觉得委屈：我是因为不好意思，所以才改变自己的想法，顺从你们的想法，你们为什么要这么说我呢？的确，墙头草的人真的是因为不好意思，所以才无法坚定不移地坚持自己的想法和主见，而是随意附和别人。他们不知道，一味地顺从，或者毫无原则地赞成和认同，往往无法得到别人的珍惜，反而别人还会觉得他们像墙头草一样不值得信任。从这个意义上来说，我们要想让自己变得更受欢迎，就一定要有自信，也要坚持自己做人做事的原则，这样才能在人际相处中赢得他人的认可和赞赏，也才能够为自己的社交奠定良好的基础。

在职场上，墙头草同样不受欢迎，他们哪怕刻意地对上司阿谀奉承，认定上司的一切安排和决定都是对的，也未必能够得到上司的好感。他们并没有鲜明的是非观念，也不懂得怎么样才能够赢得他人的理解和信任，他们有着三寸不烂之舌，总是表现出八面玲珑的灵活，在领导面前恭恭敬敬，在同事面前是毫无原则、毫无底线。在工作中，他们看似置身于各种流言蜚语的旋涡之外，但是一旦遇到事情，他们又会假装当个和事佬在里面和稀泥，最终问题非但没有得到解决，反而会变得更加复杂，这正是上司对墙头草表示反感和厌恶的原因，也是同事不愿意和墙头草交往的原因。一个个性鲜明的人也许无法讨好每一个人，但是他们有自己的思想和主见，所以他们在生活和工作中与人相处的时候会得到真心相待的朋友，当然也会得到有些人的否定，但这并不影响他们与朋友交往。反而，这样的坚持，这样的个性鲜明，还会给他们的生活和工作带来更大的便利和好处。怎么样才能实现良好的平衡，既不得罪别人，又能够发表自己的意见，还可以坚持己见呢？这是每个人都想解决的难题。

首先，我们要明确做人做事的原则和底线，在不涉及原则问题的时候，我们可以从谏如流，也可以与人为善，但是当问题很严重，牵扯到原则和立场的时候，我们就一定要坚持原则，不要人云亦云，也不要轻而易举就放弃立场，盲目地顺从别人。例如，做人要真诚友善，要信守承诺，要以大局为重，而不是斤斤计较，要主动承担责任，而不要总是推卸责任，这些都是为人的原则和底线，是一定要坚持的。

在帮助他人之后，我们不要总是奢求得到他人的回报，更不要总是提醒他人始终牢记我们给予的帮助，否则就会给他人造成很大的压力，也会使得原本的助人为乐行为成为一种功利化的交易。当这样做的时候，我们会失去他人的信任和好感。做人做事的底线，有助于我们更好地与他人相处，是我们不管在什么情况下都需要坚持的。

其次，原则固然非常重要，但是坚持原则要适度。如果原则性太强，同样会导致我们不受人欢迎，因为原则就像是一堵墙，很容易让人撞到墙上，使人心生不悦，实际上，如果情况比较特殊，那么我们就要特事特办，如这个人非要穿墙而过，为了避免他受到伤害，我们可以在墙上开一扇门，或者打开一扇窗户。与灵活地变通相比，一味地坚持原则难度更大，这是因为灵活变通要根据实际情况随机应变，要根据面对的对象来果断决策，而不是简单粗暴、不讲策略地应对。例如，我们对孩子既要严厉，又要给予适度的爱与自由；我们对待同事既要热情帮助，又不能够无限度地给同事帮忙；我们对上司固然要毕恭毕敬，但是当有工作问题需要与上司探讨的时候，我们要与之进行深入的沟通，甚至在一些学术性问题上，如果我们很有把握，还应该坚持自己的意见。上司固然喜欢听下属说很多赞美他的话，对他表示顺从，但是更喜欢那些有真才实学、有能力的下属。作为下属，如果总是对上司曲意逢迎，却不能为上司真正解决一些难题，那么也无法得到上司的认可和赏识。在与同事相处的过程中，我们还要避免当老好人，切勿无原则、无限度地对同事好，实际上同事之间的关系是非常微妙的。当与他人产生矛盾和纠纷的时候，我们既要宽容他人，也要在必要的时候坚持维护自己的利益，做好自己该做的事情，这才是最重要的。

生活和工作中，很多事情都关乎原则，我们既要坚持原则，也要学会变通，这样才能够根据事情的变化及时做出抉择，而不致于因为过分坚持原则或者随意放弃原则，导致自己变成别人的傀儡。一个人，只有真正懂得把握原则，才能够活出独属于自己的精彩，也才能够成为受到别人欢迎的人。

不要把生命的希望寄托在他人身上

生活中有很多人都喜欢把希望寄托在他人身上，他们也许已经习惯得到他人的帮助，所以一旦遇到困难就会第一时间想要获得他人的帮助。实际上每个人都是自己生命的主宰，都必须自己把握生命，而不能够拱手把生命的主动权让给他人。虽然人人都懂得这个道理，但是只有少数人能够真正地主宰命运，大多数人在命运的起起伏伏中，总是非常的被动，随着命运的起伏而起伏。举个最简单的例子，大学毕业后，你很想考研，然而你身边的人都说考研之后再就业，也许就业形势会更加严峻，他们希望你能先找一份不错的工作，然后边工作边考研。你想了想，觉得他们说得有道理，虽然你更想一气呵成地读完研究生，但也还是接受了父母四处托关系为你找到一份工作的事实。在工作的过程中，你从来没有成就感，也感受不到快乐。为了应付工作，你需要花费大量的时间和精力，你甚至没有时间去复习考研，最终和你同班的同学已经研究生毕业了，但是你却还在工作岗位上混着，既没有起色，也没有进步，连考研的打算也渐渐地淡了。这样的结局怪谁呢？并不是因为父母把一份工作强加于你，而是因为你没有坚持本心，选择在毫无意义的事情上浪费大量的时间和精力。你并不能抱怨父母，因为父母的初衷是好的。但是父母不是你，无法真正了解你的想法，也不能切实满足你的需求，所以你只能抱怨自己当初没有狠下心来拒绝父母的好意，坚定地做自己想做的事情。

很多人都希望通过观察手掌上的纹路来了解自己的命运，实际上人生那么漫长，要经历那么多的事情，又怎么可能通过手掌上的纹路就能全部反映出来呢。人生之中的很多转折点，或者出现在重大的时刻，或者出现在不经意之间，每个人的人生千变万化，有的时候只是因为一个小小的选择不同，整个人生都会变得不同。

真正强大的人会主宰自己的命运，而不会把命运交给他人去决定，哪怕所做的选择是错误的，他们也可以从错误中汲取教训、积累经验，这对促使人不断进步是非常重要的。要想积极地把控人生，我们还要努力求变，而不要按部就班、墨守成规，只有变化才能让人生充满活力。如果人生没有变化，那么就会像一潭死水一样毫无活力可言，人生之路也会变得更加艰难。

第二次世界大战期间，有一位美国士兵被抓，关在集中营里。集中营的条件非常恶劣，每天都有很多人死去。这名士兵害怕极了，他的精神每时每刻都处于紧张之中，简直就要崩溃了。一个偶然的机会，士兵看到他的一位狱友居然有一本书，这本书看起来很不错，士兵翻看了几页之后，很想一口气把这本书读完。他不想把这本书还回去，但是他知道这本书的主人是不会把书送给他的，他很委婉地向对方提出是否可以借阅这本书，可想而知，在集中营这种地方，书简直是比金钱和食物更加珍贵的东西，书的主人不假思索地拒绝了士兵的请求。士兵没有放弃，继续说："那么我想把它抄下来，我只用很短的时间，可以吗？"看到士兵这么喜欢看书，主人不好意思再拒绝，只好点头答应。得到主人的批准之后，士兵没有一刻停留，当即开始伏案疾书，他很清楚，每天的情况都在变化，每天都有人死去，也有人被带离集中营，他一定要尽快把书抄完。他废寝忘食，全力以赴地抄书，就在他把书抄完还给主人之后没多久，书的主人就被带离集中营。后来，士兵在集中营里又度过了三年时间。三年的时光，在美好的环境里也许会过得很快，但是在集中营里，每分每秒都是煎熬，足以让人觉得就像过了三辈子那么漫长。每当士兵感到万分恐惧的时候，他都会打开这本书看一看，看着书里精彩的情节，他似乎忘记了现实的无奈和残酷。就这样，靠着这本书，他战胜了坎坷和磨难，在集中营里恶劣的环境中生存下来，最终活着离开了集中营。

在这个世界上，唯一能够拯救自己的只有自己，如果我们把救赎自己的希望寄托在他人身上，那么也就意味着我们毫无希望。在这个故事中，士兵每当恐惧时就会看书，是因为书籍能够给予他精神上的力量，让他已经坠入绝望的心再次充满希望，让他能够靠着自己的力量，战胜一切磨难。

道理人人都懂，但是真正能够做到的人却少之又少，要想真正地主宰命运，我们就要成为强者，不能为失败找理由，而是要为成功找方法。面对生命中突如其来的各种糟糕情况，不要总是习惯性地推卸责任，因为没有人能够代替你为你自己的人生负责。只有挺直脊梁，用自己的双肩扛起生命的希望，我们才能在人生之中崛起，才能创造生命的奇迹。

相信自己，是一种神奇的力量

相信自己是一种非常强大的力量。现实生活中，总有人对自己表示否定，他们既看不到自己的优势和长处所在，又总是盯着自己的劣势和不足，他们甚至不敢和陌生人相处，因为不知道如何开口和陌生人搭讪，也不知道怎样才能与陌生人建立良好的关系。看起来，他们在陌生人面前非常内向，实际上一旦与熟悉的人交谈，他们马上就会变成喋喋不休的话痨。有些人在与他人沟通交流时所表现出来的状况，他人认为是害羞，都是因为不好意思，所以他们才不愿意和陌生人沟通，实际上这绝不是害羞那么简单，在严重害羞的行为背后，隐藏着当事人一颗自卑的心。大多数人都不敢暴露自己真实的内心，是因为他们害怕别人看不起他们，会否定他们的想法和见解，他们担心自己会被嘲笑，会被轻视。不得不说这些表现都与自卑密切相关，只有自卑者才会这样草木皆兵，根本不知道如何面对自己，也不敢敞开心扉面对他人。

相信自己是一种神奇的力量，一个人要想拥有自信的力量，首先要学会肯定自己。自信的力量是非常强大的，自信的人更加有魅力。在面对外界的一切时，他们不会畏缩和胆怯。他们虽然渴望得到他人的认可，却不会为了迎合他人而改变自己的想法，他们有原则，不想人云亦云，不想盲目跟风。他们知道人生短暂，只想好好地活出自己的精彩。有人说，自信的女人是天底下最美丽的女人，实际上，不仅女人需要用自信来武装自己，每一个人都需要拥有自信的品质，才能更加独立自强、充满魅力。现代社会，很多培训机构都会以各种各样的方式来激励人们，使人们从自卑到自信，这种速成的方式虽然效果很好，很快就能使人们饱含热情，但是效果却很短暂。这就像是一剂强心针，也许会让人的心脏在短时间内保持跳动，但是时间长了，如果心脏本身的疾病没有被治愈，那么还是会出现跳动乏力的情况。所以说，真正的自信来自心底，而不是来自外界如培训班的激励。要想获得真正的自信，我们就要让自己在任何情况下都认可自己、相信自己。

自信是来自心底的原动力，而不是来自外界的刺激。当然，自信的前提是要客观地认知和评价自己。只有认清楚自己，我们才知道自己擅长什么、不擅长什么，而不会始终否定自己、贬低自己。一个没有自信的人，他会觉得自己不管哪里都不够好，那么在这种情况下，如何才能相信自己呢？如果自己都不相信自己，又如何能够赢得他人的认可和肯定呢？

自信者不管面对多么艰巨的任务，都相信自己只要努力认真，就能够完成任务，而自卑者却总是畏缩和胆怯，他们怀疑自己根本没有能力完成任何任务，于是，他们选择放弃。与成功者相比，失败者最可怕的不是遭遇失败，而是无所作为。失败了，至少还可以从亲身体验中汲取经验、积累教训，但是如果完全放弃自我，却只会导致我们失去一切机会证明自己，也更没有机会认清楚自己的缺点和不足，从而扬长避短、取长补短。

自卑的人还很喜欢比较，他们总是喜欢拿自己与别人进行比较，对别人有的、自己没有的东西，他们表示非常羡慕；对自己有的、别人没有的东西，他们没有丝毫珍惜。实际上，上帝对于每个人都是公平的，他给一个人关上一扇门的时候，就会给这个人打开一扇窗。上帝从来不会把所有的好事都安排在一个人的身上，而是会兼顾到每个人。正是因为如此，在生命的旅途中，每个人既有有好运，也有恶运。从这一点来看，我们每个人都不要自暴自怨，而是要相信好运总会降临于你。在心理学领域，还有一个吸引力法则，意思是说生活中的一切事情都是因为我们的吸引力，才来到我们的身边。从这个意义上来说，我们更需要形成正能量场，从而吸引更多美好的事物在我们生命之中。我们必须相信自己、强大自己，这样我们的生命才会充满美好。实际上，吸引力法则是一种心理暗示的方法。当一个人认为生活可以变得更美好，他们就会拥有美好。当一个人认为生活只会越来越糟糕时，生活就会真的变得糟糕。很多时候，我们悲观绝望，的确会让事情变得糟糕。要想扭转命运，只有更加积极主动，才能够得到好运的青睐。

不要总是批评和否定自己，也不要总是看轻自己，当我们把自己看得更重，我们的分量就会越来越重，当我们相信自己会更强大，我们的能力就会越来越强。相信自己，一切都成为可能，相信自己，就可以让人生绽放光彩。

悦纳自己，活好人生的每一天

每个人都有自己的天赋，也有自己的弱势。对于优势，我们要发扬光大，使其成为核心竞争力，对于弱势，我们要坦然接受，这样才能够扬长避短、取长补短。台湾地区大名鼎鼎的漫画家朱德庸曾经说过，每个人都有自己的天赋，每个动物也有自己的天赋。例如兔子能够快速地奔跑，高度地弹跳，而且还有好几个巢穴，这样才能够在遇到危险的时候及时逃跑。老虎有锋利的牙齿和强大的力量，虽然老虎比兔子强大，但是人群之中能够成为老虎的人却寥寥无几，大多数人都是普通平庸又有些小聪明的兔子。不要抱怨自己成为不了老虎，既然大多数人注定生而是兔子，那么就要努力地成为一只优秀的兔子。其实生活中大多数人都是普通的人，他们都很平凡，做着平凡的工作，过着平凡的生活，但是他们往往会有比天还高的心。如果一个人不能接纳自己，那么就是心比天高、命比纸薄，就会活得非常痛苦。

网络上曾有这样一则新闻，意思是说4个闺蜜一起去饭店吃饭，之后又请朋友去KTV唱歌，在KTV里消费了1000多元。因为爱面子，她们争抢着买单，朋友之间发生了争吵，居然有一个人自杀了，还有一个人跳到水塘里溺水身亡。到底发生了什么事情，会让她们因为买单而发生如此激烈的争吵。现代人生活压力大、内心焦虑不安固然是其中一个重要的原因，但是当人把面子看得比里子更重要的时候，就会在做人做事的过程中犯本末倒置的错误，这也是一个不可忽视的重要原因。很多年轻的职场人都追求高档的消费，然而他们每个月却拿着很低的薪水，之所以会有与自己的收入不相符的高消费，是因为他们担心被别人鄙视，也害怕丢了面子。面子真的这么重要吗？面子让我们迷失自我，不能正确地定位自己，也不知道张开怀抱享受生活。这正是每个人苦恼的根源。

大树参天固然令人仰视，但是小草茵茵也可以绿化这个地球。在自然界里，每一种东西都有自己独特的美，人也是如此，我们一定要学会接纳和欣赏自己，而不要总觉得自己处处都不如别人，对于自己所拥有的不知道珍惜，对于别人所拥有的却非常羡慕。也可以说，自信是一种最为强大的美好，只不过是很多人都没有意识到自己的重要性，而在不知不觉间用自卑扰乱了自己的心性而已。

有人说人生是一场漫长的旅程，不知道目的地在哪里；也有人说人生常常面临着十字路口，需要做各种各样的选择；还有人说人生是一场赌博，有的人赌赢了风光无限，有的人赌输了垂头丧气。实际上，不管人生的本质是什么，在生命的过程中，我们总是面临各种选择，这时我们必须保持理性和冷静。在人生的道路上，不同的选择会为我们带来不同的结果，在现实之中，面对各种各样的诱惑，我们常常无从分辨真假，也会感到扑朔迷离。尤其是现代社会中，人人都追求名利权势，所以整个社会的风气变得非常浮躁。原本，我们可以独立地做好自己，却因为过分在意他人的判断和评价，为了争取到他人的认可和欣赏，便盲目地改变自己，就像东施效颦、邯郸学步一样，最终我们甚至无法做好自己。常言道，鞋子是否合脚只有脚知道，当我们行走在人生的道路上，并不一定要追求光鲜亮丽，并不一定要得到别人的羡慕，而是应该做最真实的自己，这样才能够选择最适合自己的人生道路。最合适的才是最好的，而不是越贵越好，更不是越光鲜亮丽越好。

很久以前，有一个富翁在海边游玩的时候，遇到了一个渔夫，这个渔夫刚刚出海打鱼回来，只收获了少量的鲜活乱蹦的鱼。富翁很同情渔夫，问："你打这些鱼要做什么？"渔夫回答："我要留下一些鱼给老婆孩子吃，然后把剩下的鱼拿到集市上卖掉。"富翁又问："天色还早，你为何不一次多打些鱼呢？这样你就可以多卖些钱，等到积攒了足够的钱，你还可以买一艘大船，雇人给你打鱼，这样你就会拥有越来越多的财富。"渔夫不理解富翁的话，问："那么，等我拥有更多的财富之后，日子要怎么过呢？"富翁回答："等拥有更多的财富，你就可以在家里陪伴老婆孩子，享受天伦之乐。"渔夫不由得哈哈大笑起来："我现在就过着这样的生活呀，为什么一定要花费那么长的时间去挣钱，积累钱，然后再过这样的生活呢？到时候我就已经老了，我的孩子已经长大了，我的妻子也渐渐老去，说不定他们都不再需要我的陪伴了。"渔夫的话让富翁陷入沉思。富翁以为自己可以给渔夫更好的建议，引导渔夫创造财富，现在却突然想到自己只是兜了一个很大的圈子，而毫不自知。

如果一个人挣钱的目的就是多陪陪家人和孩子，为什么不趁着现在伴侣还很年轻、孩子还小，给予他们更多的陪伴呢？而非要绕一大圈，挣更多的钱，最终来实现原本可以拥有的生活。所以，不要为了工作或者挣钱而影响家庭生活，失去与家人相依相伴的幸福。富翁之所以会被渔夫的话震惊，是因为他从未想过自己挣钱的目的是什么。当一个快乐渔夫也没有什么不好，可以每天做自己喜欢的事情，过着简单纯粹的生活。当一个衣食无忧、家财万贯的富翁，如果不能够享受生活，而只是成为金钱的奴隶，被金钱剥夺人生的美好时光，那么这样的人生也算不上成功。

每个人都要过好属于自己的生活，既不用羡慕别人，也不用盲目地和别人比较，说不定在我们羡慕别人的时候，别人也在羡慕我们呢！每个人的时间都是非常短暂的，我们一定要珍惜时间，过自己想要的生活，才能让人生更有意义。不要因为他人的意见和看法，就忘却初心，否则我们就变成为别人而活，我们的生命就会失去活力，也毫无意义。在这个世界上，有太多的东西让人向往和渴望拥有，任何一个人要想生存下来，所需要的东西并没有那么多。人人都渴望高官厚禄、金钱权势，但是得到那些东西未必就是幸福。每个人的时间和精力都是有限的，不可能在所有的职位上都游刃有余、出类拔萃，也不可能把所有想要的东西都尽收囊中。只有确定自己想要怎样的生活，坦然面对自己的内心，才能在一次又一次的努力之中，真正活出独属于自己的精彩人生。

第3章

付出才能得到，幸运总是更眷顾努力的人

有人说，只要付出，就一定会有回报；只要努力，就一定能获得成功。虽然这样的话听起来很振奋人心，但是实际上认真想一想，把话说得这么极端，未必是正确的。当然，这并不意味着我们不需要付出，也不需要努力，无数的事实告诉我们，有的时候付出了未必会有回报，但是如果不付出，就注定不可能有任何回报；努力了未必能获得成功，但是如果不努力，就注定只能失败，平庸地度过一生。既然如此，我们就要做好没有回报、不能成功的心理准备，然后全力以赴去付出，坚持不懈去努力，这样才能激发生命的无限可能性，从而创造生命的奇迹。

过好自己的日子，做好该做的事情

在这个熙熙攘攘的世界里，有太多的人已经意识到人生的困惑和艰难，他们不知道该往何处走，面对的岂止是十字路口，简直就是无数条路口。有的人追求金钱、名利和权势，为了获得更高的职位，为了赚取更多的钱，他们放弃了陪伴家人和孩子的机会，每天在酒场上醉生梦死，不但疏忽了家人，也损害了自己的身体健康。记得曾经有一个富翁在生命的最后关头，最后悔的事情就是没有陪伴妻子和孩子，导致妻子和孩子与他的关系非常冷漠。面对这样的遗憾，如果有机会让他重新过这一生，他说一定会调整生活的节奏，找准人生的重点。遗憾的是，谁也没有这样的机会重新来过。

也有一些人本来笃定地做好自己，原本以为岁月静好就是最大的幸福，却在看到身边的朋友、同事全都高升，赚取了更多的薪水，买了大别墅，买了豪华的汽车时，他们的内心马上就不淡定了，恨不得也当即从做技术转型做管理人员或者做销售，以为这样就搭上了升官发财的顺风车。殊不知，有的人天生就适合做管理，有的人天生就适合做销售，而有的人天生适合做技术或者做一些文案工作。如果一个内向文静的人逼着自己去做销售，也许会赚取比做本职工作更多的钱，但是却可能失去人生中最难得可贵的快乐。对于成功，每个人都有不同的定义和标准，我们无须活出别人眼中的成功，而只要自己过得精彩，这就足够了。现实之中从来不缺成功人士，他们每天开着豪车，出入高档写字楼，陪着客户打高尔夫，甚至去迪拜消费。但是也有一些人很普通，很平凡，他们过着自己的小日子，每天三点一线在家、菜场和单位之间遵循固定模式生活，下了班之后，他们会为家人做一餐美味的饭菜，会主动打扫卫生，把家里收拾得干干净净，还会穿上围裙，为即将回家的妻子和孩子准备好甜品。夜幕降临，他们会推掉应酬，耐心地陪伴孩子写作业，即使是狐朋狗友再三邀请，他们也从不去酒吧里纵情狂欢，更不会以陪客户的名义牺牲与家人相处的时间。和那些一年之中在家吃饭的日子数得过来的男人相比，他们未必那么成功，但是作为他们的家人却一定很幸福。如果能够笃定地做自己，让自己的人生活得精彩，那就是最大的成功。

某个周四晚上，小丁给老马打电话："老马，老板说我们的项目今天结束了，非常好，所以特别批准了活动经费，让我们整个项目组明天晚上去找个高档饭店大聚会。明天正好是周五，所以我们可以胡吃海喝，来个一醉方休，怎么样？"老马想了想，对小丁说："小丁，我明天去不了，因为我要陪孩子去跳舞。"小丁对于老马请假的理由根本不接受，他对老马说："陪孩子跳舞可以让你媳妇儿去啊，或者是请家里老人帮忙接一下，而且我记得你家孩子都已经上初中了，应该可以自己回家了吧。咱们项目组的聚会可是仅此一次，下一次再有项目大家未必在一个组里，而且这次获得这么大的成功，你老马功不可没，你怎么能不去呢？”老马很坚定地对小丁说：“我的确需要陪孩子跳舞，虽然孩子已经上初中了，但是女孩子嘛，要注意安全，现在社会上这么乱，她跳完舞之后已经8点钟了，天很黑。我妻子工作非常忙，晚上回家还要做饭，所以陪孩子跳舞一直是我的事情，我不能因为陪大家吃饭就给妻子带来麻烦，也让孩子陷入危险之中。实在抱歉，你代替我多喝几杯，好吧？”

第二天，小丁看到老马，又当面游说了老马一番，但是老马仍不为所动，小丁忍不住抱怨：“老马啊老马，你可是个男人！不抽烟不喝酒，没有应酬，怎么能叫男人呢？”老马对于小丁的话不置可否，说：“我的确是个男人，不过我认为男人的责任心有一半表现在照顾家人和孩子事情上。现在我已经把工作做好了，尽到了工作上的职责，你们去狂欢吧！况且我都这么老了，和你们小年轻也没有什么共同爱好，我不在，你们玩得更开心。”小丁看到老马心意已决，只好噤声。老马一如既往地认真工作，丝毫没有因为小丁的抱怨而影响心情，他很清楚妻子的微笑、孩子的成长与进步，就是他最想得到的收获。

作为一个男人，如果有人对你说出小丁那样的话，你能够毫不迟疑地拒绝对方吗？尤其是在对方当面游说你的情况下，你还能坚持要做顾家的好男人吗？很多男人都爱面子，尤其是在同事或者朋友面前，他们更愿意表现出大男子主义。但是老马的内心非常强大，他很清楚自己想要怎样的生活，也希望自己能够在家庭中做出更大的贡献，帮助妻子分担更多的家务，所以他才能够如此淡然自若，坚持做好自己该做的事情。

现实之中，有太多的人因为忙于工作或为了挣钱，疏于陪伴孩子，殊不知，孩子的成长是一个很快的过程，也许在父母不经意之间，孩子就长大了。台湾地区大名鼎鼎的作家龙应台说，所谓父母子女一场，只不过是父母在今生今世看着孩子的背影渐渐远行，而只能站在小路的这一头，看着孩子走过小路，消失在转弯的地方，而且还用决绝的背影告诉你，你无须去追。看到这段话，我们未免会感到怅然，原来，父母子女一场，我们与孩子的缘分固然深厚，但是父母能陪伴孩子的时间却很短暂。父母不能陪伴孩子一生一世，当孩子长大了，他们也不满足于被父母束缚，而是想要展开翅膀翱翔，但是作为父母，依然要在能够陪伴孩子的时候多多陪伴孩子，更不要错过孩子成长的过程。所以说父母与其看着孩子的背影渐行渐远，感慨孩子的成长为何如此之快，还不如此时此刻守护在孩子的身边，见证孩子的成长。

如果你最大的梦想就是功成名就，那么你当然可以努力去做自己想做的事情；如果你在认真思考之后，觉得自己一定要陪伴孩子成长，给孩子更大的助力，那么你就要学会调整工作与生活的关系，也学会合理地安排时间，否则人生必然仓促忙乱，而且效率低下。

谢谢你，我已经可以离开你

在生命的历程中，你是否曾经经历过这样一些人呢？你非常依赖他们，觉得没有他们，你的人生就无法继续下去。为此你总是寸步不离地守着他们，也要求他们同样地守着你。然而，日复一日，你们渐渐感到厌烦彼此。你很想离开对方，但是你又怕自己没有对方就活不下去，看到对方对你也不再一如既往，你还很害怕对方会离开你。在这种恐惧与厌烦的情绪交错中，你渐渐地迷失了内心，甚至不知道自己的人生应该何去何从。

人一定要依附于他人才能活下去吗？除了婴儿呱呱坠地时没有生存的能力之外，大多数人一旦可以独立地生存，并不需要完全依靠谁。尤其是对于两个成年人来说，彼此能够相依相守固然是美好的，但是如果性情不同，总是产生各种各样的矛盾，那么还不如果断地放手，这样才能给自己和对方自由。这个世界上没有谁是可以让我们始终依靠的，包括对我们无私付出的父母，等到我们渐渐长大，父母终究会老去，他们的身体变得年迈，能力也越来越小，他们无法再像我们小时候一样无微不至地照顾我们，为我们解决一切难题，为我们遮风挡雨。越是如此，我们越是应该尽快成长，这样等到父母老去的时候，我们才能够照顾父母，为父母遮挡人生的风雨。

现实中，有些父母非常溺爱孩子，他们总是为孩子做好一切事情，让孩子在无忧无虑的环境中成长。看起来，这么做是在为孩子营造良好的生活环境，创造优质的生活条件，但是实际上，当孩子有能力可以做很多事情的时候，如果父母无形中剥夺了孩子亲自去做的机会，那么就会限制孩子的成长，禁锢孩子的人生。明智的父母不会为孩子全盘代劳，而是会坚持给孩子适度的自由，让孩子在人生的道路上走得更远。

正如有人所说的，父母对孩子的溺爱是对孩子最大的害，父母养育孩子不是为了让孩子成为自己的复制品，而是希望孩子将来能够独立自主，有自己的生活。父母要根据孩子能力的发展，适时地对孩子放手，这样才有助于培养孩子的自理能力，让孩子更早地走向独立。

有一些年轻人在谈恋爱的时候，一旦感情上出现波澜，就要死要活，痛不欲生。实际上，地球离了谁都能转，不管是在感情上还是生活中都要尽量做到独立，而不要让自己依附于他人。台湾地区的诗人舒婷说过，我如果爱你，就要以树的形象和你比肩而立，而不是作为攀援的凌霄花缠绕着你。生命匆匆，人生一去不复返，生命的历程是不可逆转的。送了孩子一程又一程，等孩子长大了，父母就要目送孩子渐渐远行，飞向他自己的天空。相爱的人在一起，感情灼热的时候彼此缠绵，而一旦感情疏淡，他们就会渐渐地疏远对方。即使是亲密无间的爱人，彼此也需要独立的空间，而不是完全侵占对方。真正的爱是尊重和理解，相互独立，相互支持，而不是霸道与任性，更不是为了满足自己感情的欲望，就控制对方的自由。

不管是亲子还是爱人之间，都要真正地理解和接纳对方，这样才能够给予对方更大的空间，也才能激励对方快速地成长。每个人都是世界上独一无二的生命个体，每个人的人生都应该是完全不同的。我们一定要理性地面对自己，也要理性地对待他人，这样我们才能与外界和平共处，我们的生命才能绽放出奇异的光彩。

没有空气，才知道空气的重要

每天，我们都在呼吸着新鲜的空气，但我们从来没有感受到空气的重要性，甚至对于空气的存在完全忽视。然而，当有一天，我们突然身患疾病或者身体受到伤害，很快就会失去呼吸的权利，进而感到窒息，这个时候，我们会感受到空气是比生命更加重要的东西。因为生命的一切存在都必须依靠空气，如果没有空气，地球上的很多生物都无法继续生存下去。所以，虽然我们常常忽略空气，但是不可否认，空气是每个人生命中最重要的物质，是不可缺少的生存条件。

现实生活中有很多东西和空气一样，我们虽然拥有它们，但却并不能真切地感受到它们的存在，也不能深刻地意识到它们的重要作用。我们常常不珍惜它们，直到真正失去它们的时候，才意识到它们的重要性。还记得美国作家海伦写的一本书吗？书的名字叫《假如给我三天光明》。在这本书里，从小就因为猩红热而失去视觉和听力的海伦，想象着自己如果能够恢复视力，看到充满光明的世界，哪怕只有三天的时间，也一定会好好珍惜。海伦通过这本书告诉人们，她在仅有的三天时间里想做的事情，言辞恳切，满含珍惜之意，让人读来不禁为之动容，也让人感受到海伦力透纸背的积极和主动。

一个视觉和听力都很正常的人根本不会意识到这些器官正常发挥功能的重要性，反而有些人会因为经常盯着电脑引起眼睛不舒服而抱怨，会因为耳朵总是听耳机导致听力下降而恨不得当即解决耳朵的问题。实际上和彻底失去视觉和听力的海伦相比，眼睛或者耳朵的一些疾病都是可以接受的。一个没有失明的人，从来不知道生活在黑暗的世界里是怎样的滋味，一个拥有正常听力的人更不知道，生活在无声的世界里是怎样的紧张焦虑。作为鱼，不要等到离开水的时候才知道水的重要性；作为鸟，也不要等到失去天空的时候，才珍惜天空的辽阔高远。我们要对阳光、空气、雨露、土壤等都满怀感恩，要珍惜生命赐予的一切，而不要总是抱怨。记得网络上曾经流传着一句话，大概意思是说，一个没有脚的人总是抱怨命运不公，然而，当看到一个没有腿的人后，他意识到自己根本没有理由抱怨。这个世界上从来没有最好，也没有最糟糕。我们要学会平衡自己的内心，以感恩的心态面对命运赐予的一切，在拥有更多的时候，心怀感激不张狂；在失去很多的时候，心怀感激不沮丧。只有对生命始终怀着希望，始终充满动力，我们才有可能真正地主宰命运、掌控人生。

也许我们有时会觉得自己的人生经历很糟糕，但是当知道别人的人生经历更加悲惨，我们的内心就会渐渐地恢复平静。和任何东西相比，健康都是最重要的，没有健康，一切事情都很难继续下去，没有健康，很多情况都会变得非常糟糕。这就像人们常说的，健康的生命是1，其他的一切都是0。如果没有生命的存在，一切的0就都失去了意义。在现实生活中，有很多人都怨声载道，尤其是在遭遇不如意或者人生坎坷的时候，他们恨不得马上就能摆脱厄运。殊不知，人生不如意十之八九，每个人都需要面对人生的艰难和困惑，如果总是逃避和畏缩，那么永远也不可能解决问题。

而我们作为一个健康的人，却总是被各种各样的外界烦琐事务所困扰。例如我们想要拥有更高的职位，想要得到更多的薪水，想要获得更好的待遇。同时我们也会羡慕别人拥有一份好工作，拥有一套高大的房子，拥有一辆豪华的汽车。每当我们愤愤不平，觉得命运不公，给别人那么多，却给我们这么少时，我们的心态就会受到影响。我们常常抱怨，内心焦灼不安，实际上，如果有机会去医院的病房里看一看，尤其是那些重症病房，看到那些孱弱的躯体躺在病床上，在疾病肆虐地折磨下无能为力地接受现实和忍耐痛苦，我们就会知道作为一个健康人有多么幸福。

鱼儿离开水的时候，才真正意识到水有多么重要，人离开空气的时候，才会知道生命的存在需要呼吸空气。在人生的历程中，我们应该怀着一颗感恩的心，在面对艰难的工作时，我们要拼尽全力去完成；在面对不如意的人生时，我们要面带微笑去接纳。如果有机会，不妨去医院的病房里转一转，意识到一些疾病距离我们有多么近，而此时此刻我们还很健康，又是多么幸运。这样一来，我们才会更加珍惜此刻的健康。虽然中国人很讲究不能触霉头，但是如果能够想到有可能发生的糟糕情况，我们就会保持平静的心情，满足地面对此刻的人生，积极地接纳此时的状态。

有梦想却不行动，就是空想

对于人生，每个人都有很多的梦想。有些人在想过之后，就把这些想法当成空想，完全抛之脑后了；有些人在有了偶然的想法之后，马上就会执着于实现梦想，鞭策自己坚持努力，朝着梦想前进，哪怕遭遇再多的坎坷艰难，也从不放弃，而是始终拼尽全力去追求梦想、实现梦想。正是因为这样的差异，使得原本天赋相差无几的人们之间拉开了巨大的差距。有的人成功加身、光环璀璨，而有的人一生碌碌无为、平平庸庸，还有的人被失败打倒，从此一蹶不振。显而易见，那些成功者并不是一蹴而就的，他们之所以能够得到成功的青睐，并不是因为他们有独特的天赋，而是因为他们非常努力，也足够坚持。而那些平庸者则是因为畏难情绪很重，甚至还没有开始尝试，他们就选择了放弃。那么，那些失败者呢？他们面对人生的各种艰难坎坷，轻而易举就放弃了希望，选择向命运缴械投降。不得不说，他们是被一次失败打击得终身失败，这使他们的人生根本没有翻身的机会和可能性。

如果现在的你觉得人生平淡无奇，千万不要抱怨命运不公，而是要努力反思自己，看看自己为何会碌碌无为。在反思的时候，要更多地从自己的身上寻找原因，而不要把责任都归咎于外部的世界。纵观古今中外，大多数成功者都经历了很多的坎坷挫折，而他们之所以能够从挫折中逆袭，做出一番成就，就是因为他们始终在坚持，从来没有放弃。

大学毕业后，小米和小叶这对好朋友分道扬镳了。小米不想回到家乡从事按部就班的工作，更愿意去到大城市里打拼。小叶性格内向，胆子很小，她拒绝了小米的邀请，接受了父母安排好的工作，回到家乡，每天过着三点一线的生活，未来，她也必然会在父母安排下恋爱、结婚、生子，日子过得波澜不惊，虽然岁月静好，却总是让人心有不甘。

去到大城市的小米，从朋友圈里看到小叶正在悠闲地度假，和同事们在海边吃海鲜，小米的心里很羡慕：“我一意孤行来到大城市，是正确的选择吗？如果回到家乡，此时此刻我一定正和小叶一起在海边度假呢！”这样的念头只是一闪而过，虽然如今在大城市，她住在地下室里，手机没有信号，但是她的心中充满了希望。她不知道自己的未来会怎么样，而这正是她想要得到的无限空间。

大学时期，小米就一直想学习金融专业，然而她本科读的是中文专业，与金融专业之间的差距还是很大的。到了大城市，小米一边找工作，一边复习，想报考金融专业的研究生。可想而之，中文专业和金融专业完全不搭界，小米要想顺利地从中文专业过渡到金融专业，还需要下很大的功夫呢！在刚去大城市头三年的时间里，小米都住在地下室，手机没有信号，她觉得这样正合适，因为可以节省出更多看手机的时间进行复习，而不必接打电话，浪费时间，也无须开通QQ空间或者微信空间去发布各种无聊的信息。小米把这三年称为鼹鼠生活，因为她每天除了工作，大多数时间都留在地下室认真地读书学习。三年过去了，小叶的孩子都已经一岁了，小米终于考上了研究生。然后研究生毕业之后，小米才发现，金融专业就业虽然容易，但是要想做出成就却很难，尤其是她在本科阶段并没有学习金融专业，金融方面的基础稍显薄弱，所以在工作中常常会出现各种错误而被领导批评。面对这样的窘境，小米从没有放弃，她主动向老同事学习，有的时候老同事不想教小米，小米就偷学。总而言之，小米想方设法以各种方式学习更多的经验。就这样，又是三年的时间过去，小米从初入公司的菜鸟变成了工作经验丰富的老员工，得到了上司的器重。

时光如逝，又过去了几年，小叶家的孩子都要上小学一年级了，小米呢，才刚刚准备结婚。此时，小米已经成为公司里的中层管理者，年薪百万，在大城市里安家落户，还把父母也接到了城市，偶尔想起与小叶的友情，小米总是很怀念。如今她和小叶偶然也有联系，或者小米有机会回到家乡的时候，就会和小叶见面，吃顿饭，聊聊天，但是她总觉得自己和小叶之间有了隔阂，似乎说什么话都没有了上大学时的亲密无间。

是什么让小米和小叶渐行渐远呢？是对于梦想的坚持。相信在大学阶段，小叶和小米一样，也希望自己在未来会有更快速的发展和更美好的前途。但是，大学一毕业，小叶就向现实妥协了，小米却不愿意接受按部就班、一成不变的生活，因此她努力勇敢地背起行囊，奔赴大城市，无悔无惧。虽然在开始几年的时间里，小米吃尽了苦头，但是宝剑锋从磨砺出，梅花香自苦寒来，如果没有之前的吃苦，又怎么可能会有后来的成就呢？

心理学家经过研究发现，大多数人的先天条件相差无几，之所以人与人之间的差距越来越大，却是因为人与人之间后天的努力程度不同。从这一点上来看，每个人对于梦想的坚持也是不同的，且不说有的人有梦想，有的人没梦想，就算对于有相同梦想的人，因为他们对梦想的坚持不同，所以他们对于生活的奋斗和努力程度也各不相同。这直接决定了，他们的人生都是独特的，不可复制的。对每个人来说，每一天都是崭新的，然而，有的人把崭新的一天用来重复昨日的生活，而有的人把崭新的一天过成真正崭新的一天，从里到外的崭新，由内而外的崭新，他们相信今天的意义就在于今天和昨天截然不同，如果每天都过着相同的生活，他们宁愿打破旧有的生活，全力以赴地奔向新生。

年轻真好，要把握青春的时光

不吃苦，不奋斗，你要青春做什么？这曾经是一句网红语，很多人都耳熟能详，也能够脱口而出。的确，青春的意义就在于我们要把握青春的时光，改变自己的命运，创造自己精彩的人生。然而，青春即使再美好也是非常短暂的，为了不让青春虚度，为了不让青春转瞬即逝却什么都没有留下，我们一定要充实地度过青春时光，这样才能抓住青春，和青春一起飞翔。

很久以前，社会上有一个特殊的职业——看相。意思就是说，根据一个人的长相来预测他的一生，这有没有科学的道理呢？有段时间，这个职业被定义为迷信的行为，而实际上看相是有一定道理的。一个人内心如何去想，做人做事有怎样的风格，他的容貌就会发生相应的改变，形成独特的气质。俗话说，相由心生，就是这个意思。

在现实生活中，有很多人总是非常尖酸刻薄，做人做事都很犀利，他们喜欢把很多事情都朝着坏的方面去想，对待他人有着过高的要求和标准。这样的人心思狭隘，不管遇到什么事情，都想不开，常常会与自己过不去。他们的内心缺乏平静，总是紧张和焦虑，人生也往往失败。要想拥有从容不迫的人生，首先要调整好自己的心态，趁着年轻，要修养内心，让心胸更为开阔，也要调整身体，从而才能够改变自己的容貌与气质。

好事不出门，坏事传千里。这在网络上也通用。一个人如果做出危害社会公共安全的事情，很快就会被网络曝光，甚至都不用人肉搜索，就会暴露各种信息，从而严重影响人的生活。还记得在高铁上那个霸占座位的人吗？还记得那个因为丈夫迟到却坚持要车等他，导致高铁延误的人吗？在网络的时代里，我们做任何事情，不仅仅要顾忌到舆论的力量，而且要更加顾忌网络的力量，也许我们因为一时的糊涂或者是内心的冲动，做出过激的举动，自己对此并不以为然，但是网络快速地发酵和蔓延，有可能会给我们的生活带来恶劣的影响。所以每个人的行为不仅关系到自己，更关系到周围，尤其是身边的人。每个人都要非常注重自己的形象，都要提升自己的言行举止，这样才能够与他人之间建立良好的关系，才能够在处理很多事情的时候做出更加明智的举动。

也有一些人想得非常太简单，他们觉得青春就是用来挥霍的，趁着年轻，他们总会在网吧里熬夜打游戏，肆意地挥洒青春，根本不在乎自己的未来人生会怎么样。这样的人生是很可怕的，这样无所顾忌的潇洒也必然会造成未来的艰难处境。现代社会讲究男女平等，不管是男性还是女性，都要努力学习，全力以赴地提升自己，这样才能够增强自身的能力，提高自身的水平，从而在面对人生的各种艰难困境时，始终都能够一往无前。

年轻的我们还应该拥有一颗宽容的心，不要为那些不值得的人生气，很多事情之所以会恶化，就是因为在事发当时我们无法控制自己的情绪，做出极端冲动的举动，所谓一念天堂，一念地狱，就是这个道理。明智的人会更加宽容自己，也会友善地对待他人，这样才能与他人建立良好的关系，也才能与他人之间始终保持友好真诚。

年轻真好，年轻是每个人最大的资本，年轻人有大量的时间可以去做各种喜欢的事，也可以为了梦想拼搏。在人生之中，时间对于每个人而言都是最为珍贵的资本。唯有拥有时间，我们才能做很多想做的事情，才能实现无数的梦想。所以，年轻的朋友们不要再因为年轻而肆意挥霍青春，也不要在人生之中肆无忌惮地浪费时间。生命的时光转瞬即逝，每个人唯有把握此时此刻的青春，才能够如愿以偿创造生命的辉煌。

无知从来不是无畏的理由

有人说无知者无畏，也有人说初生牛犊不怕虎，实际上无知从来不是无畏的资本，也不是无畏的理由。当一个人不能真正意识到自己的无知，反而觉得自己无所不知、无所不能，那么这个人就是非常可怕的。生活中，我们常常会遇到这样的人，不管别人说到什么事情，他们都会滔滔不绝，说个没完，把别人都当成无知的傻子。有的时候，他们还会自以为是地对他人指手画脚，对于别人的得意之事，总是怀着否定的态度。他们就像一个个行走的负能量团，如果有这样的朋友，真是一件倒霉的事情，因为我们根本不知道如何才能与他们更好地相处。有的时候，我们兴致勃勃地和他们分享一些好消息，他们却给我们泼凉水，面对这样的情况，我们是远离他们，还是继续与他们做朋友呢？这当然取决于我们的主观意愿，但是有一点是可以肯定的，即如果他们总是影响我们的心情，那么就要离他们远远的，绝不对他们姑息纵容。

在积极的能量圈里生活，我们会从身边朋友那里得到很多正能量，在消极的能量圈里生活，我们就总是会被他人怒怼或者当头泼冷水。这样的情况难以避免，我们一定要努力提升内心的信念，此外，在必要的时候，我们还要远离这些损友。真正的好朋友是那些真心为我们好的人，而不是那些看到我们有一点点好，就心生妒忌甚至恨不得当即打击我们的人。一个人面对自己想做的事情，因为无知而勇敢地去尝试，虽然可能失败，或许还能得到一些经验，但是一个人面对想做的事情，如果明明知道自己不是行家，却依然对他人指手画脚，那就是一种恶意了。很多人都容易受到他人的影响，因为他人的某句话或者某种评价，他们就会感到很颓废沮丧，原本兴致高昂的精神劲头马上就没有了，而是恨不得把自己之前所做的一切、所说的一切全都推翻。不得不说，这固然与自身的心理素质差有很大的关系，但也与周边朋友说话不得当关系密切。

如果你曾经有过这样被他人的无知伤害好心情的经历，那么就一定要管好自己的嘴巴，切勿在他人兴高采烈的时候给他当头泼冷水，或者以无情的语言打击他人的积极和热情，这是一种非常残酷的做法。每个人都有自己的生活，每个人都不可能完全了解他人，更不可能经历他人经历的一切，拥有和他人完全相同的感受。在这种情况下，我们面对他人的所言所行、所作所为，要怀着客观的态度给予对方参考意见，而不要总是把自己的观点强加给对方，甚至因此而影响对方的情绪。要知道，不管我们怎么设身处地，我们都不是他人，我们也不可能代替他人去感受、去思考，更不可能代替他人解决问题。作为旁观者，我们唯一能做的就是给予他人以安抚和支持，或者是在与他人相处的过程中，给他更多的鼓励。除此之外，我们做不到更好，那么我们就要更加用心地管好自己的嘴巴，切勿不假思索就说出伤人的话。

高考之后，小雅心情很复杂，她原本可以考取更好的大学，却因为发挥失常导致与第一志愿填报的名牌大学失之交臂，不得不委曲求全地决定去上第二志愿填报的一所普通大学。有很多人都特别关心小雅的成绩，一看到小雅，就会直接或者拐弯抹角地问小雅考得怎么样，要去哪里上大学。在得知小雅没有考上名牌大学之后，他们还会满怀同情地给小雅安慰。但是也有那些情商太低的人，会给小雅以沉重的打击，让小雅更加难过。

有一天，小雅去找好朋友玩。到了好朋友家里，好朋友的妈妈问小雅："小雅，你高考考得怎么样？要去哪里上大学？"小雅不好意思地笑了笑，说："我考得不好，只能去上普通大学。"好朋友的妈妈马上大惊小怪地说；"哎呀，小雅，你的成绩可是能上名牌大学的。上这样的大学太亏了，你还不如复读一年，说不定明年就能考上了。上什么大学真的非常重要，能否考上名牌大学，会决定你们将来找什么样的工作，也会决定你们将来找什么样的人生伴侣，总而言之，会决定你们的一生。"小雅本来还勉强保持微笑，听到这些话，笑容不由得僵硬起来。这个时候，好朋友忍不住对妈妈说："妈妈，这都什么年代了，你还说那些老掉牙的思想，现在上大学更看重真才实学，其实不管什么大学，都需要有本事才能够出色，如果没有本事，就算被保送到清华、北大，以后也未必会有想要的人生。"听了这番话，妈妈意识到自己说得太多了，赶紧闭上嘴巴去厨房做饭了。好朋友安慰小雅："小雅，别听我妈妈的，不管上什么大学都行，只要你认真努力，就可以成为学校里的佼佼者，出来就能找到很好的工作。我可是知道你的水平，你是学霸，就算在不那么好的大学里也能够出类拔萃，更何况你上的大学还是很不错的大学呢，比我的强多了。你看，我怎么努力，也无法达到你的水平。况且，将来总要考研的，还是有机会进入名校。”在朋友的安慰下，小雅的脸色渐渐地由阴转晴，又过了一会儿，小雅终于恢复平静，这才能够自如地和朋友在一起聊天。

虽然朋友的妈妈是好心，希望小雅能够考上与她的能力相匹配的名牌大学，但是在小雅感到非常郁闷的时候，朋友的妈妈这么说显然不合时宜。对于小雅而言，原本没考上理想的大学已经非常难过伤心了，现在朋友的妈妈又当着她的面这么说，就相当于揭开了她的伤口，还在她的伤口上撒盐，这当然是让小雅难以接受的。

当然，我们一定要坚定自己的想法，不要因为别人口无遮拦的话就影响了心情。虽然无知从来不是无畏的理由，但是如果我们能够清楚地了解自己，对自己有准确的定位，那么我们就可以更坚定不移地做好自己，而不会因为他人的随便某一句话就导致自己的内心陷入挣扎的状态。人生最重要的是要从容，要保持清醒的状态，要保持理智，这样才能够在努力向前的时候，在遭遇坎坷挫折的时候，激发自身的力量，无所畏惧地勇往直前。

第4章

没了勤奋助力，天才也将沦落为庸才

一个人不管有没有独特的天赋，都必然需要勤奋。如果没有勤奋作为助力，那么天才也会沦落为庸才，所以我们一定要勤奋，要用勤奋作为自己的强大助力，也要以勤奋来弥补天赋的不足，让人生绽放出光彩。

越努力，越幸运；越努力，越优秀

俗话说，越努力，越幸运。对于每个人来说，只有足够努力才能让自己变得更加优秀，反之，哪怕一个人具有很强的天赋，如果总是荒废自己，不愿意坚持努力，那么他最终注定一事无成。在哈佛大学里，大家都有共识，那就是一个人能否取得真正的成功，并不仅仅在于他在学习的时间里非常专注和认真，也取决于他在学习之外的时间里，是否能够充分利用业余的时间做好自己该做的事情，给自己加油和充电。在心理学领域有一个1万小时定律，意思是说，即使一个人在自己不擅长的领域里发展，只要他能够坚持努力1万个小时，就会有所成就。当然，这里所说的1万个小时并不是一个绝对精确的概念，可以是8000个小时，也可以是15000个小时，指的是人们要坚持不懈地努力，发展自己的兴趣，做自己想做的事情，坚持每天都进步一点点，这样才能够距离成功越来越近。

大文豪鲁迅先生说时间就像海绵里的水，挤挤总还是有的。现代社会有很多人都叫嚣着时间太少，他们觉得自己没有充足的时间去做想做的事情，其实这样的想法完全是错误的。当我们真的想要去做好一件事情，一定可以挤出点点滴滴的时间，如每天有24个小时，抽出一到两个小时还是可以的。我们可以用这一两个小时做自己想做的事，阅读更多有意义的书籍，学习更多的技能，提升自己的能力；也可以利用这个时间参加演讲或者是进入英语角学习英语。只要长期坚持下去，日复一日，年复一年，虽然在短暂的时间里，人生并不会发生明显的改变和提升，但是只要假以时日，我们总会发现自己的人生已经有质的飞跃。当我们把努力变成一种习惯，总是自然而然地去努力，那么我们就会距离成功越来越近。这也告诉我们，一个人有没有天赋并不是最重要的，即便资质平庸，只要坚持努力，就能获得进步，不断成长。

每个人都要在后天成长的过程中，积极主动地学习，坚持不懈地努力，这样才能够发挥自己的天赋，激发自己的潜能，创造生命的奇迹，并且最终获得成功。爱因斯坦曾经说过，人与人之间之所以有巨大的差异，是因为他们在用不同的方式度过业余时间，这个道理其实非常简单，因为不管是在学校学习的学生，还是在单位一起工作的同事，大家用在学习和工作上的时间都是差不多的，所谓付出与回报成正比的关系，这也就决定了每个人得到的回报相差不多。如果想得到比别人更多的回报，获得额外的成功，那么我们就要利用好正常学习和工作之外的时间，这样才能够有更多的收获。举个简单的例子，作为刚刚毕业的大学生，如果在参加工作之后能够把工作之余用来学习，而不是用来娱乐休闲，那么在坚持几年之后，一定会获得几个技能证书，工作能力也会越来越强。这样一来，在与同事竞争的时候，他当然会具有特别突出的优势，也能够更容易地获得自己想要的机会，收获自己想要的结果。

现代社会，有很多人的内心都非常浮躁，他们虽然梦想着获得成功，渴望着让人生绽放出异样的光彩，但是却没有耐心坚持努力学习。他们当一天和尚撞一天钟，作为学生，只保证课堂上45分钟的效果，只勉强完成老师所布置的作业；作为职场人士，他们只能勉为其难地完成老板分配的任务，保证达到老板的最低要求，而不会主动地付出更多的努力，让自己的工作成果超出老板的预期，也竭尽所能地为公司创造更大的价值。在这样的状态下，不管是学生还是职场人士，又如何能够得到他人的认可和赏识呢？正是因为如此，很多人才会感到纳闷，他们自以为有很强的天赋，也觉得自己抓住了好机会，但是却没有获得成功，这与他们没有利用好业余时间是有密切关系的。

每个人都有梦想和志向，只有在梦想和志向的激励下，我们才能确定人生的方向，也才能竭尽所能地去努力。但是如果一心一意只想获得丰厚的回报，却没有花费更多的时间去辛勤耕耘，也没有花费更多的精力去充实和提升自己，那么就算具备很多很好的条件，也未必能够如愿以偿地获得成功。在哈佛大学，很多教授都会激励学生：如果你们想在走出校园之后进入任何一家公司都能够有杰出的表现，都能得到同事的认可和老板的赏识，那么在哈佛大学度过的这几年时间里，你绝不能有任何的时间休闲和放松，更不能惬意地躺在太阳下无所事事。哈佛大学是世界顶级学府，能够进入哈佛大学的学生都出类拔萃，也有很强的学习能力，要想在这样一群优秀学子中脱颖而出，就必须拼尽全力去努力。当看到身边比自己更优秀的人都在努力，他们很清楚自己并不是最优秀的那一个，所以也就没有资格放松自己。

1903年，学者科尔参加了在纽约举行的数学学会。在这次学会上，科尔拿出了自己的数学成果，原来，他破译了一道世界级的顶尖数学难题，很多数学家都被这道数学难题难住了，当时还没有人能够接近答案呢。但是，科尔却对这道数学题进行了正确的解答，为此，参与数学学会的很多同行都为科尔竖起了大拇指，他们都很佩服科尔。

有一个学者更是当众夸赞科尔："科尔，你是全世界最富有智慧的人，我从来没有见过任何人比你更加充满智慧。"对于这样至高的评价，科尔表示感谢，之后他坦诚地说："其实，我并不像你想的那样充满智慧，我用的完全是笨方法。"这名学者很惊讶，他问科尔："难道你解答出来这道题用了一个星期的时间？"科尔微笑着摇摇头，对方更惊讶了，继续猜测："难道你用了一个月的时间？"科尔还是摇头，对方感到难以置信，以夸张的语气问科尔："难道你用了一年的时间？这也太有毅力了吧！"科尔还是摇头，看到对方猜测的答案距离他真正的答案相差很远，他面带微笑，非常平静地对那位先生说："在整整三年的时间里，我把所有的星期天都用来研究这道题！"听到科尔的回答，在场的学者们全都默不作声。

对于一个解答出世界级顶尖数学难题的数学家，大家当然会认为他充满了智慧，然而，任何收获的背后都是坚持不懈的努力和付出。科尔之所以能够解答出这道数学难题，是因为他居然把三年里的所有周末都用来对这道题进行研究和思考。由此可见，世界上并不存在真正的天才，所谓的天才都是1%的天赋，加上99%的汗水。在科尔的身上，我们验证了这个道理。古今中外，有很多伟大的人都是如此。大文豪鲁迅先生曾经说过，这个世界上哪里有天才，他只是把别人喝咖啡的时间用来写作而已。爱迪生为了找到合适的灯丝材料居然尝试了1000多种材料，进行了7000多次实验。想想就会感到很可怕，一个人居然失败了7000多次才获得成功，如果在成功之前他就因为某一次失败而放弃继续努力，那么他就会彻底地失败。

书山有路勤为径，学海无涯苦作舟。在哈佛大学，一个博士生除了每天要完成繁重的学习任务之外，每三天就要读完一本非常厚的书籍，还要针对这本书籍进行深入的思考，写出几万字的阅读报告。假如有机会去哈佛大学看一看，我们就会明白，在哈佛大学里，凌晨4点半绝不是夜深人静、大家都在酣睡的时刻，哈佛大学的图书馆里总是灯火通明、座无虚席，就像白天一样。哈佛大学的餐厅也是一道奇特的景观，因为在哈佛大学，很少有学生会花时间专注地品尝美食，他们都是一边吃饭，一边阅读或者一边吃饭一边做笔记。这样争分夺秒地学习，难怪哈佛大学有着浓郁的学习氛围、良好的学术气息，哈佛大学的学子在全世界都非常出色和优秀。

当然，勤奋学习也是要讲究方式方法和策略的。通常情况下，人在早上和晚上的时候头脑更加清醒，记忆力也非常好。在这个时间段，可以背诵一些需要记忆的内容，如语文、历史、英语单词等。除了早上和晚上，在学习数学知识的时候，可以选择思维比较活跃的时间段，这样一来说不定就能够产生灵感，把一直困扰我们的数学难题解答出来。当然，一切形式的学习都难免枯燥乏味，如果总是坚持学习同样的知识，那么学习效率就会降低，明智的人会交替学习不同的内容，或者是通过交替学习来达到休息和放松的目的。总而言之，如果你现在感到疲倦了，想要放弃努力，那么一定要记得问问自己：比我优秀的人都在努力，我有什么资格懈怠呢？当你回答出这个问题，你就会知道自己应该怎么做了。

不竭尽全力，如何奢求回报

面对生活中的很多难题，常常有人会说“我会尽力而为，争取解决难题”，实际上这样的态度是很难真正解决难题的，因为所谓的尽力而为实际上怀有一种保留的态度，而没有做到全力付出。生活总是有不如意之事，每个人在生命的历程中都会遇到各种各样的困难。在面对巨大的障碍时，如果我们轻易放弃，就会导致人生止步不前，只有竭尽全力地跨越障碍，我们才能够到达山巅，才能够站在更高的高度，也才能看见完全不一样的人生风景。

尤其是在学习的领域，常常有一些学生会说“我的天赋有限，我真的非常努力，但是却无法获得巨大的进步”“我真的已经尽力而为了”，其实，这样的态度是远远不够的。心理学家经过研究证实，大多数人的天赋都是相似的，并没有太大的差别，但是在经过后天的成长之后，人与人之间却相差悬殊，这是因为人与人之间后天的努力有着巨大的区别。对于这样的人生，我们难免会感到遗憾，因为我们不知道自己为何并不比别人笨，也不比别人傻，甚至还有比别人更好的条件，但最终却没有和别人一样取得理想的成就。究其原因，就是因为我们的心态不够好，没有真正做到竭尽全力，没有激发出自己所有的潜能，从而创造生命的奇迹。

我们要清楚尽力而为与竭尽全力之间的区别。所谓尽力而为，就是只出自己认为该出的力气之后，就放下了。而竭尽全力，指的是一直努力到无能为力，一直拼搏到获得想要的结果。在这样的状态下，人的潜能会被最大限度地激发出来，对于所做的事情，也会取得更好的结果。

有一天，猎人带着猎狗去打猎，整个上午，猎人都没有什么收获。吃完午饭之后，猎人在大树底下休息片刻，又带着猎狗出发了。他们走到一大片浓密的草丛时，发现了一只野兔，猎人眼疾手快，当即向野兔开了一枪，但是因为太着急了，他的枪打偏了，并没有打到野兔的重要部位，而只是打伤了野兔的后腿。野兔负伤逃跑，猎狗在得到猎人的命令之后，在野兔后面紧追不舍。原本，猎人以为野兔的后腿已经受伤了，很快就会成为猎狗的猎物，但是猎狗跟在野兔后面追了十几分钟，也没有抓到野兔，反而让野兔逃脱了。

心有余悸的野兔回到家里，把自己的经历告诉了兄弟姐妹。兄弟姐妹看到野兔居然能够从猎狗手下逃脱，平安回来，全都非常高兴。野兔姐姐问野兔："猎狗那么凶狠，你还受了伤，你是怎么跑赢猎狗的呢？"野兔不假思索地说道："虽然我的腿受了伤，但是我的命还在呀！我必须为了保命而不停地奔跑，猎狗的目标和我可不一样，它抓到我顶多也就是能吃顿好的，但是我如果被它抓到，我可就没命了，所以我的动力肯定比猎狗强，我跑得当然也就比他快。他只是尽力而为，我却是竭尽全力，他怎么能跟我PK呢！"听着野兔的话，兄弟姐妹们全都点头，纷纷对野兔竖起了大拇指。

这虽然是一个寓言故事，却为我们揭示了一个深刻的道理：当一个人尽力而为的时候，未必能够做到最好，但是当一个人竭尽全力的时候，就有可能会创造奇迹，也有可能突破和超越自己、成就自己。一只野兔居然在受伤的情况下成功摆脱猎狗的追捕，听起来简直是不可能的事情，不得不说，这是巨大的成功，也是让人难以置信的奇迹。然而，只要分析野兔的动机，我们就会发现，野兔之所以能够逃脱猎狗的追捕，完全是有理由的，因为猎狗抓野兔只是为了一餐美食，而野兔拼命奔跑却是为了保全性命。

网络上流传着一个视频，一个妈妈带着孩子准备下电梯，因为看了一眼手机，孩子便朝着旁边的安全楼梯走去，没想到安全楼梯没有护栏，孩子走到安全楼梯旁边，一下子从护栏空缺的地方掉了下去。这个时候，妈妈看到了，一个箭步冲上去，抓住了倒栽葱掉下去的孩子的脚。这件事情就发生在极短的时间内，按照常理来说，妈妈不可能有那么快的反应速度，但是妈妈真的做到了。这是在孩子的生命受到威胁的时候，妈妈爆发出的潜能。对于每个人来说，潜能就像是一座宝藏，一直处于封存的状态，在特定的条件下，潜能就会被激发出来。有心理学家说，现在人类只用了5%的大脑空间，也就是说，人类还有95%的大脑都处于闲置的状态，如果一个人能够激发出自己大脑的全部潜能，那么他有可能会比爱因斯坦更加优秀。从这个意义上来说，当一个人发现自己的努力没有取得理想的效果时，那么就要认真地反思，看看是因为方法用得不对，还是因为没有激发出潜能，没有竭尽全力去做到最好。只有找到最根本的原因，才能够有效地解决问题。

智慧来自勤奋，人生有无限可能性

一块土地，即使土壤非常肥沃，如果没有人在土地上辛勤地耕耘、播种种子，那么这块土地就不可能开花结果，长出丰硕的果实。一个人即使非常聪明，如果不能积极主动地学习，不能够掌握更多的知识，那么他的聪明就会被荒废掉，他的人生依然会碌碌无为。当然，聪明并不都是天生的，只有一小部分取决于天生，大多数人之所以能够发挥聪明才智创造人生的奇迹，主要因为他们在后天非常勤奋和努力。一个人越勤奋就越是充满智慧，也会积累更多的人生经验，在各个领域都有更好的表现。反之，一个人越是懒惰，就会越愚蠢，甚至在自己原本可以表现很好的领域，也会表现糟糕，导致自己非常自卑和焦虑，根本没有办法拥有更好的人生状态。

一个人真正富有智慧，并不是因为短暂的热情，也不是因为他有着小聪明，而是因为他能够在成长的过程中坚持学习、勤奋努力。哪怕遭遇失败，他也绝不放弃，并且能够从失败中汲取经验、积累教训，从点点滴滴之中收获成长，让自己变得越来越充满智慧。每个人都希望自己智慧超群，都希望自己能够做出大的成就，获得众人瞩目，然而，智慧并不是与生俱来的，也不是轻而易举就能获得的，只有勤奋和努力，才能够让我们与智慧结缘，也只有足够勤奋和努力，我们才能够让自己充满智慧。当然，在此过程中，我们一定要远离懒惰。如果我们染上懒惰的毛病，做什么事情都纵容自己，不时刻激励自己继续努力上进，那么我们就会变得更加愚蠢。朋友们，难道你们希望自己变得愚蠢吗？如果不希望，一定要养成勤奋的好习惯，与此同时还要戒掉懒惰的坏习惯，也要增长自己的智慧，消除自己的愚蠢，这样才能在成长的过程中不断地提升和完善自我，让自己变得更加强大。

人生的时光是有限的，如果我们把有限的时光用在毫无意义的事情上，那么就没有时间来做积极的事情。这就像一块土地，如果长满了庄稼，就不会长野草，反之，如果长满了野草，就无法种植庄稼。我们也像是一个辛勤的农夫，正在耕耘自己的土地，我们一定要让土地更有价值，让土地长满有用的庄稼，而不要给野草生长的空间。同样的道理，当我们把所有的时间都花费在重要的事情上，不断努力、坚持学习，不断提升和完善自己，那么我们就没有时间去浪费，更没有时间荒废。当真正形成了勤奋的品质，我们就会更加充满智慧，也就掌握了人生成功的秘籍。

大文学家鲁迅先生一生笔耕不辍、著作等身，创作出很多优秀的作品，以笔为枪为中华民族战斗，因而在文学领域享有极高的地位。那么，鲁迅先生是如何做到高产的呢？实际上，他和所有普通人一样，每天只有24小时，还要吃喝拉撒衣食住行，为何鲁迅先生能有这么多的时间用来写作，而我们一天之中没做什么事情就觉得时光不在了呢？这是因为鲁迅先生很善于挤时间。正是因为如此，他才说这个世界上根本没有真正的天才，所谓的天才，只是把别人喝咖啡的时间用来工作而已。鲁迅先生的话非常有道理。大多数人的人生之所以庸庸碌碌，平凡无为，是因为大家从来没有挤出时间做自己想做的事，而是任由时间流淌，追赶着时间向前跑。每个新生命呱呱坠地的时候先天的条件相差无几，随着后天的成长，人与人之间的差别越来越大，就是因为在成长过程中每个人的表现截然不同。天道酬勤，一个人要想拥有出类拔萃的人生，就一定要养成勤奋的好习惯，坚持学习，不断地提升和充实自我。如果说成功一定有捷径，那么成功的捷径就是勤奋。慵懒懈怠的人，是根本不可能获得成功的。

怀着热诚面对人生，一切更美好

生活就像一面镜子，我们笑着面对生活，生活也会回报给我们以笑容；我们哭着面对生活，生活就会以哭脸面对我们。同样的道理，如果我们冷漠地对待生活，那么生活对待我们会更加冷漠；如果我们每天怀着热情拥抱生活，那么生活也将会以热诚来回报我们，给予我们更多的惊喜和收获。

成功总有很多的特质，每个成功者都有自己成功的原因，认真观察所有的成功者，我们会有一个发现，那就是大多数成功者都会满怀热情地投入他们感兴趣或者喜欢做的事情之中，并且在完成艰巨的任务过程中，即使遇到艰难和坎坷，即使面对看似无法逾越的障碍，他们也从来不放弃，而是非常积极地进行思考，乐观地面对各种难题。由此可见，大多数成功者能够获得成功的共性在于，他们拥有积极乐观的生活态度，也相信自己只要努力就能取得成就。所以他们在人生之中把热诚当成一种习惯，在日常生活中对待一切也总是满怀热诚。相比起成功者，失败者的特点非常明显，那就是不管做什么事情，他们都很懈怠，不能热情地拥抱学习和工作，哪怕只是遇到很小的难题，也会一蹶不振、彻底放弃。不得不说，失败者每天都生活在失败的恐惧之中，为了逃避失败，他们甚至放弃努力，决不尝试。殊不知，这样做固然可以远离失败，却彻底地失去了成功的机会，而且他们每天都惶惶不可终日，生活在恐惧、焦虑的负面情绪之中，这必然会让他们受到打击，无法振奋精神去做事情。

对待生命充满热情的人可以乐观地面对生活，哪怕遭遇生活的困厄，也如同一位最伟大的开拓者那样，把内心的力量转化为热诚表现出来，而且为了实现梦想，他们随时随地都准备献身，贡献自己的力量。正是因为如此，他们才能够得到更好的发展，也才能够摆脱外界的负面影响，突破外界的限制和禁锢，获得好运的青睐。

乔治是哈佛大学金融专业的一名学生，大学毕业后，他进入一家银行工作，成为一名专业的理财顾问。虽然理财在银行的工作体系里只是一项普通的工作，但是乔治对于这份工作却满怀热情，总是全身心投入。理财顾问的年薪不高，和那些进入投资银行的同学相比，乔治的年薪比他们差远了，但是乔治并不抱怨，他相信自己只要不断努力，在工作上就会有所起色，而且他有稳定的工作，也在从事感兴趣的事情，所以他对一切都非常满意。

一段时间过去，那些在投行里拿着高薪的同学因为对投资工作没有热情，所以在工作中的表现越来越糟糕。相反，乔治却因为始终满怀热诚地投入工作，因而在工作上表现出类拔萃。没过多久，他就从一个小小的理财顾问变成了理财团队的管理人员。在他的带领下，团队的成员们对于这份工作都充满了热忱，而且为银行创造了大量的利润。可想而知，他们的薪水水涨船高。然而，这样的好事并没有维持多长时间，2008年，爆发全球金融危机，乔治所在的银行受到了严重影响，乔治不得不离开自己热爱的工作，重新找工作。头顶哈佛大学毕业生的头衔，再加上又有在银行当理财顾问的丰富经验，乔治很快被一家公司聘用为管理顾问，年薪成倍增长。但是在工作的过程中，乔治并不感到快乐，这份工作和银行的理财顾问工作截然不同，每天都有很多会议需要开，每天都有各种问题需要解决，乔治觉得自己工作起来力不从心，疲于应付，但是即便如此，他依然无法把新工作做得圆满。渐渐地，老总对乔治也有很大的不满，甚至经常在会议上公开批评乔治，乔治思来想去决定辞掉这份工作，回到自己熟悉且喜爱的理财顾问岗位上。虽然失去这份工作会失去很高的薪水，但是乔治很清楚即使自己勉强继续从事这份工作，也不会有很好的成就，他还是决定要做自己擅长且热爱的工作。

现实生活中，有多少人为了拿到更高的薪水，勉强自己去做既不喜爱也不擅长的工作？虽然可以在短期内有更高的收入，但是实际上这么做的结果只会导致事与愿违。从事自己不喜欢的工作，使我们在面对工作时失去了热诚的态度，正如人们常说的，兴趣是最好的老师，如果不能从事自己感兴趣的工作，那么工作效率就会大大降低。

从另一个方面来说，我们并没有足够的好运气，不管在哪个行业都能做自己喜欢的工作。通常情况下，作为学生难免要接触和学习自己不喜欢的课程，作为职场人士，也难免做到自己不喜欢的工作。与其一味地抵触这些学习和工作，不如调整好心态，调动起内心的热情，怀着热诚去拥抱这些艰难的任务。当我们改变心态之后，就会发现其实任务并没有那么难以完成，也会发现在完成任务的过程中会有很多有趣的感悟和意外的收获，那么就让我们把热诚变成一种良好的习惯，继续坚持下去，只有这样，我们才能距离成功越来越近。

第 5 章

先改变心境，才能拥有改变处境的动力

人们常说，心若改变，世界也随之改变。的确，心境的改变对于人生有着重要的作用和意义，如果我们总是心绪消沉，那么面对人生的各种境遇，就总也不可能逾越过去。一个真正的强者，从来不会向心境缴械投降，他们打响人生的战争，最先做的就是与自己的斗争。改变，从自己开始；改变，从当下开始。

失败是人生的必修课

很多人都知道伤仲永的历史典故，知道仲永是一个非常有才华的少年，小时候就被称为神童。然而，仲永最终失去了满腹才华，变得碌碌无为。这是为什么呢？现实生活中，和仲永一样的人并不在少数，有很多少年才华横溢，能够考入少年科技大学等很牛的学校就读。他们自诩有着满腹才华，却没有施展之地。在年少时代，他们因为有独特的天赋出类拔萃，往往能够得到身边人的赞赏，甚至还会被老师宠上了天。然而，在学习上一路领先的强劲势头并没有维持很久。记得有一位十几岁就进入中科院学习的孩子，后来被学校劝退，就是因为学校认为他的心智发展水平还没有跟上，无法仅仅以片面的才华成才。

在学校里，还有一个奇怪的现象，就是那些在学习上总是拔尖的孩子，能够顺利地考入名牌大学，毕业之后也许会成为医生、老师、律师等，这些职业固然都很不错，但是距离成功却还有一段距离。而那些在班级里学习属于中等水平的孩子，却能够当上老板，成为企业里的领导者，虽然这样的现象并不代表全部，我们也不能犯幸存者偏差的错误，但是这种现象的存在还是告诉我们：一个人要想有所成就，必然要经历坎坷与挫折。人要从失败中汲取教训、积累经验，而不能一味地顺遂如意，否则就会导致人生陷入很大的困境之中，也不可能有巨大的进步。

如果说人生之中有一堂课是非常重要的，那么这堂课非失败莫属。那些从小就在班级里名列前茅的好学生，也许会得到很多的荣耀，也许会得到很多的宠爱，但是他们却错过了失败这堂课。他们一路顺风顺水地走过来，被家长捧在手掌心，被老师当成掌中宝，根本没有任何机会去品尝失败的滋味，也正是因为如此，他们的内心很脆弱，不能在失败之后进行内心重建。相比起这些天之骄子的孩子，那些成绩处于中等的孩子成绩起起伏伏，反而经受了较多的挫折和打击，在一路跌跌撞撞走来的过程中，他们学会了如何才能站得更稳，走得更好。一个人可以没有成功的经验，但是一定要有战胜失败的经验，这样才能够在成长的过程中不断地提升和历练自己，让自己变得更加强大。

失败是人生的必修课，每个人都要上好失败这节课，才能够让自己的内心坚强起来。每个人都要在失败的过程中提升自己的力量，才能够更加全力以赴去奋斗，从而到达人生的巅峰。在人生的道路上，很多人都会有伟大的梦想，但是他们却从未为了梦想迈出真正的一步，也没有为了实现梦想而经历各种失败。在通往成功的道路上，我们希望自己能够一蹴而就，然而，面对一次又一次接踵而至的失败，我们的内心变得脆弱无比，总是与成功失之交臂，也总是与失败产生交集。

要想战胜失败，我们要做到以下几点。

首先，要学会耐心地等待。罗马不是一天建成的，每个人要想获得成功，必须经历艰苦卓绝的努力，成功从来不是仅靠着主观意愿就能得到的，而是要在客观上不断努力才能够实现。在通往成功的道路上，必然充满着坎坷和挫折，为了获得成功，我们必须坚持不懈地前行，必须努力地战胜一切困难，这样才能够在成功到来的时候有更好的表现。

其次，我们要做好最坏的准备。每个人在人生之路上都是向死而生的，这意味着死是每个人唯一的归宿，但是我们却要努力地活得更好，才不枉这一生的时光。在追求成功的过程中，虽然成功是我们最终的目标，但是这并不意味着失败从不会出现。相反，失败常常会伴随在我们身边，我们越是迫切渴望获得成功，失败就越是与我们如影随形。有些失败的打击非常沉重，甚至会让我们失去很多重要的东西。在这种情况下，我们要做好最坏的准备，同时向着最好的方向去努力。每个人不管做什么事情，都不可能保证绝对获得成功，既然如此，为何不提前做好失败的心理准备呢？这样在面对失败的时候才会更加从容、更加坦然。

最后，要认识到一次失败并不代表永远的失败。人生就像大海里的波浪一样既有波峰，也有波谷。遭遇失败的时候，就意味着我们到达了波谷，只要耐心地等待，顺势而为，我们总能迎来到达波峰的机会。那些因为一次失败就一蹶不振的人，是因为他们在面对失败的时候彻底放弃努力，彻底失去希望，所以才会被一次失败打倒。真正内心怀有希望且内心非常强大的人，他们不会因为一次失败就彻底否定自己，相反，失败正好让他们有了更多的时间和机会反思自己，也能够有效地提升自己。遭遇过失败的人才真正具有成功的潜质，是因为他们虽然不知道如何才能够获得成功，但是他们更加了解怎样才能避免失败。每个人在人生之路上都应该上好失败这节课，如果我们在成长的过程中错过了这节课，那么一定要抓住机会品尝失败的滋味，补上它，才能够让人生有更大的可能获得成功。

不抱怨，寻求积极的方法表达情绪

曾经有一个研究机构进行了专门的调查，得出一个可怕的结论，说每个人都会把五分之一的生命时光用于抱怨。看到这个结论，我们一定会感到非常震惊，生命如此宝贵，我们却要花费五分之一的时间去抱怨，相信每一个有理智的人都不会做出如此糊涂的选择。然而，在看到这个结论之后，如果你能够认真地反思自己在一天之中的言行举止，你就会发现这个结论真的不是在耸人听闻。而你很有可能真的是把很多时间都用来抱怨和发牢骚了。如果能够改变心态，把抱怨的时间用来改变现状，切实去做一些有意义的事情，那么我们的人生又会有怎样的改变呢?

当糟糕的情况发生的时候，抱怨有什么用呢？从心理学的角度来说，抱怨除了能够助长我们发泄负面情绪之外，对于解决问题根本没有任何好处。有的时候，因为负面情绪的肆意泛滥，我们还会陷入更加糟糕的心境之中，也会使得很多事情变得更棘手和难以处理。认识到这一点，我们还会选择抱怨吗？现实生活中，抱怨之所以如此泛滥，是因为很多人根本没有意识到自己在抱怨，他们情不自禁地就说出那些抱怨的话，而不会积极主动地进行自我反思，也没有反省事情如何得到有效的解决。就这样，生命在毫无意义的抱怨中悄然流逝，我们没有做出任何实质性的举动，却反而被抱怨拖累了。

人们都在抱怨什么呢？有的人在抱怨命运不公平，给了别人更高的起点和更好的先天条件，却给自己很低的起点和很糟糕的条件，这样一来，使得自己在出发点上就已经落后别人一大截，自己即使再怎么努力，也未必能够达到别人一出生就拥有的高度，这当然是莫大的不公平。然而，我们却没有想到那些一出生就拥有高起点的人也许会有其他方面的烦恼，甚至还会羡慕我们简单的快乐和家庭的幸福和睦。所以人们才说，命运总是公平的，它在给人关上一扇门的同时，也会给人打开一扇窗。不可否认，生活中有很多事情都会让人心生委屈、愤愤不平，但是如果命运真的偏离了轨道，我们只靠着抱怨就能改变命运吗？这样退一步去想，我们就会做出正确的选择，不会再因为抱怨而影响自己良好的心境，也不会因为抱怨而导致自己做出错误的选择，反而会更加积极理性地面对命运赐予的一切，从而让人生有更好的发展。

大刘每天下班回到家里总是唉声叹气的，他是一名公交车司机，家境殷实，没有任何经济压力，工作也只是个乐趣。但他总是闷闷不乐的，这是为什么呢？原来大刘对于自己的工作很不满意。作为公交车司机，他每天都要在一条路线上来回地跑，他跑的路线比较长，一天跑两个来回，这就意味着他要在一年365天的日子里，把这条路跑1000多趟。大刘对于路上的景色都看厌了，对于那些经常坐这条路线的老乘客，大刘也与他们熟悉起来。每天下班之后回到家里，大刘张口就说："我要疯掉了，我真是不想再做这份工作了，但是我能去做什么呢？"妻子一开始还会安慰大刘，但是随着大刘总是抱怨，妻子也变得不耐烦起来。有一天，妻子对大刘说："要不你就辞掉工作吧，反正你父母留给你的房子，每个月都可以收入一大笔房租，你工不工作都无所谓，省得你每天都抱怨，抱怨得我都没有信心继续工作了。你知道吗？你就像祥林嫂一样把别人对你的同情全部都消耗掉了，现在我甚至有一些嫌恶你。"听了妻子的话，大刘很生气，和妻子吵了一架，然后就出门找哥们儿喝酒去了。

大刘把烦心事告诉哥们儿，哥们儿忍不住批评大刘："大刘，不是我说你，你这样的做法真是太不爷们儿了。你想想，你如果不想工作可以拿一些钱去做投资。但是整天抱怨又不想辞掉工作，这样做有什么意义呢？如果我是你媳妇，我也会很生气，你这样聒噪，只是抱怨，却无所作为，我还会很厌烦呢！”听到好哥们儿也这么说，大刘有些理解妻子的感受，痛定思痛，他决定不再抱怨，而是选择积极的方式去解决问题。打定主意之后，大刘决定带着妻子去马尔代夫旅游，要知道大刘平时可是非常抠门的，看到大刘报名马尔代夫双人游，妻子感到非常惊讶，也有些受宠若惊。大刘对妻子说：“这次旅游回来后，我就要辞职了。以后我会再去找一份工作，既然我们不为钱发愁，为什么不试着挑战自己，从事更有难度的工作呢？我想我才30多岁，应该还可以打拼一段时间，一切都还来得及！”妻子由衷地对大刘竖起大拇指说：“这才是大老爷们儿的表现。不管你闯荡的结果如何，我都会是你最坚强的后盾。”得到妻子这么高的评价，大刘开心地笑了。从马尔代夫回来之后，大刘果然辞掉工作，在差不多3个月的时间里，他一直在四处奔波找工作，没有一天是闲在家里的。有时候，妻子让他在家休息几天，他也不愿意，最终大刘找了一份入门的门槛不是那么高的销售工作。虽然他家里条件很好，但是他想改变自己的生活状态，所以他非常努力地学习，还把乔·吉拉德作为自己的偶像，发誓要和乔·吉拉德一样从30多岁入门做销售，最终成为销售大师。

改变是一种非常好的状态，俗话说树挪死，人挪活，一个人如果对自己的现状不满意，就要当机立断地改变，而不要总是抱怨，因为抱怨并不能真正地改变现状，反而会影响我们的心境。当我们对着家人、朋友抱怨的时候，还会对他们的心境也产生负面的影响。既然抱怨有这么多负面作用，我们为何不停止抱怨，选择一种更为积极的方式表达自己的情绪，也选择一种更为有效的方式来解决问题呢？想清楚这其中的逻辑关系之后，我想很多人都能够做出正确的选择和决断。

生活会有各种各样的不如意，也许有的人现在过得岁月静好，那只是因为他们喜欢安稳的生活，也有的人每天都在折腾，虽然生活波澜起伏，但是他们却很享受这样纵情肆意的感觉。在这个世界上，根本没有绝对的公平存在，这不是社会现实导致的，而是公平的本质决定的，所谓公平只是相对的公平，也是在特定情况下的公平。如果我们不能够适应规则，那么我们就要非常努力地去创造新的规则；如果我们不能够改变规则，也不能够离开规则而生活，那么我们就要调整好心态，积极地去适应规则、维护规则。也许有一天规则会变得更加合理，而我们也会在规则的约束和管理下生活得更好。每个人都有人生的底线和原则，最重要的是要我们知道自己的人生目标是什么，不要因为纠结于小小的个人之间的差别，就导致人生完全乱了套。唯有达到一个生态平衡的状态，才能让人生更加有序地向前发展。

接纳痛苦，才能获得成长

对于弱者来说，痛苦是人生的陷阱，也是人生的悬崖，一旦坠落陷阱之中或者掉入悬崖之下，那么他们很难再以自身的力量站起来，很难再激励自己获得快速的成长。难道问题在于人生中有太多的陷阱和悬崖吗？人生的本质就是不如意，没有人能够让人生一帆风顺、顺遂如意，既然如此，人不能改变人生的本质，就只能调整自己的心态，适应人生。如果总是抱怨人生不如意，则只会导致人生的状态越来越糟糕。相比起弱者，强者虽然同样要面对人生的磨难，但是强者的姿态是很强势的，他们不会轻易向这些磨难折服，也不会轻易地就放弃努力。他们会更加积极地面对人生的磨难，主动地在磨难的历练下凤凰涅槃、浴火重生，从而让自己变得更加坚强。如果把弱者和强者进行比较，我们会发现原来世界并不曾改变，命运也没有偏爱强者，只是因为强者有良好的心境。假如我们能够在磨难之中提升自己，让自己变得真正强大起来，那么我们就能从磨难的学校中毕业，成为真正的人生强者。反之，如果我们面对小小的挫折和打击就一蹶不振，那么我们就会彻底地失败，心中没有希望，人生充满绝望，那么做任何事情都没有成功的可能性。

人生从来都是艰难的，在生命诞生之初，每个新生命都需要经历重重磨难才能来到这个世界上，面对陌生的世界，已经习惯在母亲子宫里温暖黑暗环境中生存的新生儿，难免会忍不住号啕大哭。小时候，父母会照顾孩子成长，无微不至地满足孩子所有的需求，然而，随着孩子不断成长，孩子的能力得以提升，在这种情况下，如果父母还是毫无保留地保护孩子，为孩子提供一切便利的条件，那么有朝一日，等到孩子长大成人，他们会因为不适应这个残酷的时代而生存艰难。作为父母，你希望孩子在成长之后发现自己无法适应这个社会吗？明智的父母会在孩子小时候，随着孩子能力的提升，就给予孩子各种指引和帮助，循序渐进地引导孩子不断增强能力，提升生存的水平。这样一来，孩子才能够渐渐融入这个世界。他们学会接受痛苦，也能够适应痛苦，在此过程中，他们不再因为痛苦而感到自己无法生存，反而会在痛苦的持续历练中变得越来越坚强。对于孩子的一生而言，这是至关重要的，因为没有人可以避免痛苦，只有在痛苦的磨炼中，人才会变得更加强大，人生也才会最终坚不可摧。

古往今来，很多伟大的人之所以有了不起的成就，并不是因为他们有独特的天赋，也不是因为他们得到了贵人相助，更不是因为他们有着绝无仅有的好运气，而是因为他们能够从厄运中站起来，他们始终都坚持勇敢地面对痛苦、战胜困境。古人云，天将降大任于斯人也，必先苦其心志，劳其筋骨，饿其体肤，空乏其身。可见，一个人在顺遂的环境中所获得的成长是有限的，只有经历痛苦的磨砺，他们才能够更加坚强。而且对于人生而言，经历磨难获得的经验是非常宝贵的财富。如果说知识是可以学习的，那么经验则需要靠着自己的亲身经历才能够得到。俗话说，不经历无以成经验，正是这个道理。有人说，人生就像是一段旅程，有的人特别在乎人生的目的地，而有的人则更在乎旅行的过程，他们想要体会旅程中的艰难，也想欣赏旅途中的美景。为此，他们会静下心来，静静地体验人生，敞开胸怀接纳人生。当我们怀着积极的心态面对人生，那么在遭遇人生痛苦的时候，我们就不会再抱怨，也不会愁眉苦脸，而是微笑着宽容以对。对于伤害我们的人，我们要以德报怨，对于给我们带来困扰的人，我们要把心胸放得开阔一些，多一些感恩，少一些苛责，这样做看起来是在包容别人，实际上我们是在宽宥自己。当我们拥有广阔的心胸，就能够减少痛苦，人生也会更加充满快乐。

在深山里，一座古寺庙正在翻建。这次翻建的规模非常大，不但要把房子都拆掉了重修，而且还要重新雕刻石像。雕刻师在山里寻找了很长时间，才找到两块天然的美石。雕刻师问其中一块资质上乘的石头："你愿意成为佛像，被人们以香火供奉吗？"石头不假思索地给予雕刻师肯定的回答。雕刻师开始雕刻，然而，才几百刀下去，石头就无法忍受痛苦："我不想忍受这样的痛苦，太疼了，这什么时候才是个头呢！"石头很不配合雕刻师，雕刻师只好停止雕刻。这个时候，雕刻师问另外一块资质略差的石头："你愿意成为佛像，接受信徒的香火供奉吗？"这块石头之前就非常羡慕小伙伴能够有机会成为佛像，因而赶紧表示愿意。雕刻师提醒石头："如果你想成为佛像，就要经历千刀万剐。你如果忍受不了痛苦，就只能半途而废，成为一块废料，沦落为铺地的石头。”这块石头下定决心要成为佛像，为此做好了忍受痛苦的准备。它对雕刻师说：“我能够忍受一切痛苦，请您来雕刻我吧！”得到石头的允诺，雕刻师是开始下刀雕刻。雕刻师足足用了3个月的时间，对石头进行了千雕万刻，最终把这块石头雕刻成一尊佛像。新寺庙建好了，石头身披红色的披风，慈眉善目地看着世间的一切，他的面前摆放着很多贡品，有信徒过来给他上香。这个时候，第一块石头已经变成台阶上的垫脚石，看着自己昔日的伙伴如今这么风光，他很不服气：“我们都是从山里被开采来的，为何你的命运这么好，而我却这么倒霉呢？”雕刻师听到这句话，好笑地说：“如果当时你能够经受千雕万刻，能够忍受痛苦，那么今天在这里接受众人顶礼膜拜的就是你啊！”

第一块石头因为不能忍受痛苦，变成了人们的垫脚石。第二块石头因为能够忍受痛苦，所以化身为佛像，得到大家的顶礼膜拜和香火供奉。其实人生中遭遇的痛苦何尝不像雕刻师的刀呢，经历越多的雕刻，我们就越能够拥有更好的前景。面对人生的重重磨难，我们一定要更加坚强，要有顽强的意志，接受各种磨砺和挑战，才能够在绝境中以饱满的精神面对人生。唯有痛苦，才能让人生变得更加厚重，如果不经历任何痛苦，那么人生就会轻飘飘的。如果我们能够忍受深重的无奈，就能够迎来人生的辉煌。

有压力，人生才有动力

俗话说，人无压力轻飘飘。一个人如果没有压力，也就没有动力。在鼓励他人的时候，我们往往用这句话来安抚他人焦灼的内心。实际上，每当自己承受巨大的压力时，我们很难真正做到面对压力、心境从容。现代社会每个人的压力都很大，这是因为生存越来越艰难，工作上的竞争越来越激烈；也是因为成功者越来越多，出类拔萃的人总是吸引着我们的目光，让我们忍不住想要和他们一样获得成功。实际上，成功从来不是从天而降的，人生更不可能毫不费力就到达巅峰。对于每个成功者来说，在成功的背后，他们承受了很大的压力。尤其是很多常年承受压力的人，他们的身体和心理都发生了一定的改变，在职场上，有很多高精尖人士的身体都处于亚健康状态。曾经有机构专门针对这些职场人士进行调查发现，大多数职场人士都承认自己确实承受了巨大的压力，甚至还有一少部分职场人士认为自己很快就会被压力压垮，无法继续承担压力。难道压力不是动力吗？这句我们一直以来用来安慰他人的话，难道是错误的吗？并非如此。要想合理地利用压力，我们就要采取正确的方法来转化压力。压力与动力之间并不是相等的关系，只有采取正确的方式转化压力，我们才能够把压力变成动力，才能让压力促使我们不断成长，成为我们奋斗路上源源不竭的力量源泉。我们必须以合理适度的方式释放压力、转化压力，让自己充满动力，才能够在激烈的竞争中脱颖而出，也才能够摆脱不良的生活现状，获得自己理想中的生活。

打个比方来说。一个人承受着巨大的压力，他就像是一个气球被充满了气，很快就要胀破，似乎再往里面吹一口气，就能够让它“砰”的一声爆炸。所以我们每个人必须学会调整自己，不要等到气球即将爆炸的时候再来释放压力，而是应该在压力达到一定阈值的时候，就以合理的方式来释放压力，这样才能够避免压力给我们的生活带来更严重的影响。从心理学的角度来分析，大多数压力并非来自外界，而是来自我们的内心，我们只有真正坦然地面对压力，才能够在成长的道路上不断地进步，也才能够在接受巨大挑战的时候，始终保持着顽强不屈的姿态和毅力。尤其要注意的是，每个人都需要以恰当的方式来排遣压力，否则就会导致压力越来越大直至膨胀爆炸。

如今，很多企业竞争非常激烈，导致大多数员工都感到压力山大。他们很难真正地调整好压力，那么，作为企业，应该想方设法地为员工提供合理的宣泄渠道来排遣压力。很多人都羡慕在银行工作的职员，实际上银行里的工作人员每天都要办理各种各样的业务，他们一刻也不停地忙着，有的时候遇到那些不太讲道理或者是急脾气的客户，他们还会受到委屈。在这种情况下，压力更是成倍增长。毕竟对于每个人来说，时间都是最宝贵的。那些赶时间的人，恨不得第一时间就能办理好业务。银行的工作人员不但需要业务过关，而且还需要很强的协调能力。每当因为工作而心烦的时候，他们恨不得马上就能摆脱银行里的工作，去做新的工作，也有的时候，他们恨不得放下手里的一切，走到外面去散散心，呼吸新鲜的空气，晒晒太阳。实际上，与其如此焦虑，日复一日地面对繁复的工作，还不如调整好心态，从容地应对人生。既然哭着也是一天，笑着也是一天，那么为何不笑着度过生命中的每一天呢？的确如此，既然无论如何我们都要度过每一天，那么我们就应该以更好的姿态面对现状。

很多人误以为成功者之所以能够成功，是因为他们拥有天赋，而实际上，是因为他们面对失败的态度。成功者和失败者最大的区别在于，成功者从来不畏惧失败，他们会踩着失败的阶梯不断地努力向上，而失败者一旦遭遇失败，就会一蹶不振，这样必然会导致失败如影随形。还有一些人为了逃避失败，甚至不愿意去尝试，这样一来他们也就彻底失去了成功的机会。对于失败者而言，畏惧和逃避是最可怕的。

既然人生不如意十之八九，那么每个人都要经受压力和挫折，每个人也都无法彻底地避免压力，更无法避免遭受挫折。但是我们必须具备一定的能力来承受压力、缓解压力，也要在面对压力的时候，努力调整自己的心理状态和行为，从而释放压力，通过合理的渠道宣泄压力，消除负面情绪。切记，千万不要像一个气球一样，彻底地爆裂，否则，伤害的只能是自己。在现实生活中，每个人都会面对各种各样不如意的事情，感到焦虑和紧张完全是正常的现象。从心理学的角度而言，一个人如果能够适度紧张，反而会激发出自身的潜能，集中所有的精神和意志力，从而最大限度地发挥自身的能力，这也是为何有些人在承受压力的情况下，反而会有更杰出表现的原因。实际上，人的本能都是趋利避害的，人都有惰性，喜欢安逸的生活，我们需要积极地克服本能的懒惰，这样才能战胜内心的怯懦和迟疑，从而最大限度地调整压力，无所畏惧地突破和超越自己。

一个人如果想让压力减轻，那么就一定要做到以下几点。首先，要让自己的内心放松。人之所以会感受到压力，是因为精神特别紧张，所以要想缓解压力，最重要的就是要放松精神。当然每个人采取的放松精神的方式并不同，有的人喜欢听音乐，有的人喜欢去旅游，有的人喜欢购物，有的人喜欢做运动。不管采取哪种方式，只要能够让精神放松下来，都是非常好的方式。其次，我们可以换一个环境去生活。很多时候，在一个熟悉的环境里生活得久了，日子一成不变，内心的压力就会不断地累积。这时我们要学会转换环境，通过接触新的环境来让内心感到轻松。最后，要改变思想和心态。人们常说心若改变，世界就随之改变。实际上，当我们换一个角度看问题，就会有不同的看法，所以在感受到精神紧张、压力山大的时候，我们不妨放下执念，不要再从固有的角度去看待问题，而是要转换一个角度看待问题，从而得出不同的结论。有很多人因为工作上的任务很紧急，所以总是把缓解压力的事情放一边，顶多是感到疲惫不堪的时候暂且把工作放一放，或者哪怕在工作上遇到难题，也要坚持不懈，死扛到最后。如果暂时放下工作，我们就能够放松心态，说不定还会拥有柳暗花明又一村的惊喜呢。一个最为行之有效的办法，就是转移法。这里所谓的转移指的是转移情绪，在心情压抑的时候，我们往往会感到郁郁寡欢，内心非常沉重，其实如果能够找到合适的人来倾诉一番，那么压抑情绪就会很快地得到缓解。此外，我们也可以把自己面临的难题向别人求助，当难题迎刃而解的时候，我们的压力自然也就不复存在了。

总之，压力与人生如影随形，我们要想转化压力，用压力来促进成长，那么就一定要有策略地面对压力，以正确的态度来消除压力，以合理的方式来缓解压力，这样才能起到最佳的效果。

第 6 章

别只盯着成功，做好当下的自己

当一个人只是盯着成功，迫不及待想要通过各种方式快速获得成功，他的心态一定是急功近利的。古人云，欲速则不达，很多时候，快就是慢，慢就是快。俗话说，心急吃不了热豆腐，也告诉我们要调整好生命的节奏，才会有更加出色的人生表现。

要想成功，就要把眼光看得长远

一个人暂时获得成功，并不代表一生之中都可以顺遂如意，永远与成功相伴。同样的道理，一个人暂时遭遇失败，也并不代表一生之中都将一蹶不振，永远与失败纠缠。只要保持健康良好的心态，在成长的道路上我们会拥有很多的机会，或者成功或者失败，与其说是外界导致的，不如说是我们的内心导致的。很多成功人士在人前光鲜亮丽、头顶光环，得到无数人的羡慕，而实际上，在成功之前，他们付出了很多的辛苦和努力。打江山容易，守江山难，在真正获得成功之后，他们依然要持续地努力，才能够维持成功的状态。当然，作为失败者，更要勇敢地突破和超越自己，这样才能够随着不断的成长获得更大的进步。

遗憾的是，现实生活中，大多数人都碌碌无为、平凡无奇，这不是因为他们没有特别的天赋，也不是因为他们没有得到命运的青睐，如果你认真仔细地观察他们，就会发现他们其实有着不同寻常的过往。曾经，他们也光鲜亮丽、春风得意；曾经，他们也获得了伟大的成就，引起他人的羡慕；曾经，他们也是媒体争相报道的对象，但是他们却被成功冲昏了头脑，一味地沉迷于成功的喜悦之中，迷失了自我，也没有很好地把握成功的时机。大名鼎鼎的影视剧明星范冰冰自称“范爷”，自称“豪门”，可以说在娱乐行业达到了巅峰状态，吸粉无数，也成为无数娱乐圈里的明星羡慕的对象。然而，因为偷税逃税的现象，她的人气一落千丈，从以往的众人仰慕到后来的众人嫌弃，不得不说这是她一时糊涂导致的。

之所以有很多人在历经千辛万苦获得成功之后，很容易迷失在当下，就是因为他们没有守护成功的果实。他们在成功之后得意忘形，完全忘记了自己应该做的事情，最终导致自己辛苦打拼来的成功果实付诸东流。获得成功固然很艰难，守住成功的果实更难，人们在得意的时候常常容易忘形，忘记了自己曾经辛苦的努力，忘记了自己的初心。要知道，在生命的历程中，很多情况都处于不断的发展变化之中，人们常常会因为各种原因而迷失自我，在这种情况下，他们根本无法感受到自身出现的诸多变化，因而不知不觉就走入人生的死胡同。

作为一名新入职的推销员，乔乔的推销业绩在公司里首屈一指，这让她成为公司里的大红人，大家都知道乔乔，也都想和乔乔结识。那么乔乔为何能够在销售领域做出如此杰出的贡献呢？是因为她很擅长说话，情商也很高。乔乔是从师范院校毕业的，还学过心理学呢，所以进入销售行业之后，她如鱼得水，完全看不出来是新入行的人，反而有一种老练的感觉。进入公司3个月，在年会上，乔乔就作为公司的银牌经纪人代表上台发言。在台上，乔乔看到台下坐着很多的同事，又抬头看看头顶上的聚光灯，不由得感到有些眩晕。她从未想到自己有一天会顶着如此耀眼的光环，在主持人的建议下，她决定和大家分享她的销售心得。

乔乔越说越起劲，居然拿着话筒在讲台上开始踱步。她一边悠闲地踱步，一边侃侃而谈，完全忘记了时间。看到乔乔的表现，主持人有些着急，因为台下还有很多重要的嘉宾和公司的重要领导人，乔乔这样子不知道天高地厚，显然会引起大家的反感。主持人及时暗示乔乔，想让乔乔结束发言，把话筒要回来，但是乔乔显然很享受这样的感觉，居然走到主持人前面，后背朝着主持人，继续在讲台上面走来走去。自从这次会议之后，乔乔就变成了骄傲的小公鸡，对待工作再也没有之前脚踏实地的态度，她总觉得自己是银牌经纪人，也常常认为自己毫不费力就能有更好的表现。就这样过了几个月，乔乔每个月的业绩都很糟糕，最后居然被公司辞退了。

如果乔乔能够谦虚一些，理智地和同事分享经验，也能够积极主动地向着其他同事学习，那么相信乔乔在未来的职业生涯中会有更好的表现。遗憾的是，乔乔被胜利冲昏了头脑，她只想展现自己的优势，而忽略了其他人的感受。在这样的心理膨胀作用下，她根本没有心思继续努力，更没有认识到继续努力工作的重要性，因而没有有效地保持工作的积极性，反而在工作领域一落千丈。

在每个人的生命之中，万事万物都在不停地发生着改变。

一个人要想与时俱进，在成功之后再接再厉、勇攀高峰，那么就一定要客观正确地认知自己。尤其是在获得成功之后，被成功的喜悦冲昏了头脑，人们很难认清楚自我，在这种情况下，我们非但无法感受到自身的变化，甚至无法接纳别人给予我们的建议和意见。古往今来，许多人之所以成功，是因为他们保持着空杯心态，经常向身边优秀的人学习，从而扬长避短、取长补短，最终从人群中脱颖而出。即使在获得成功之后，他们也从来不会得意张狂，而是依然谦逊友善。正是因为如此，他们才会变得越来越优秀，真正守护了成功的果实，继续保持着成功的状态。

与其盲目地羡慕别人，不如从当下开始就非常努力，这样才能够在认清楚自己之后努力提升自己、完善自己。不管是面对失败还是成功，我们都要怀着坦然的心态，失败了不气馁，成功了不骄傲，唯有如此，我们的未来才会越来越美好。

要想收获，就要先付出

现实生活中，只有极少数佼佼者能够攀登人生的高峰，享受各种荣耀，而大多数人都是非常普通、平庸的，还有相当一部分人常常与失败纠缠，与成功绝缘。那么，为什么那些少数人能够获得成功，并且到达人生的巅峰呢？是因为他们有独特的天赋，还是因为他们有非常好的运气，又或者是因为他们得到了贵人的相助？实际上，虽然古人说成功需要得到天时地利人和的便利条件，在如今年代，成功也的确需要比天时地利人和更多的条件，但是归根结底，一个人之所以能够成功，是因为他们愿意做出牺牲，能够主动付出。

至少有一点我们可以肯定的，那就是天上不会掉馅饼，世界上也没有一蹴而就获得的成功。退一万步来说，即使真的有好运气，那也未必能够砸到你的头上。有太多的人根本不懂得只有努力付出才能有所收获的道理，他们总是希望自己能够一夜成名或者是一夜暴富，他们只擅长躺在床上毫不费力地做着白日梦，而从来不会积极主动地做出行动，把成功的努力付诸行动。实际上，成功从来不是轻而易举就能获得的，它非但需要天时地利人和，还需要各个方面的因素或条件综合产生作用。也可以说，成功的希望固然比买彩票中奖的希望大一些，但是成功的获得所需要付出的努力比买彩票要多得多。

现实生活中，很多人的心态都非常浮躁，他们越来越想不劳而获地取得成功，却从没有想到与其浪费宝贵的时间去空想，还不如当机立断展开实际行动去努力。尤其是在当下社会，物欲横流，每个人都希望自己功成名就，都希望自己能够赚取更多的钱，拥有更高的官位，然而真正能够实现梦想的人却少之又少。这是因为人们对于成功的理解太过狭隘了，而且对于如何获得成功没有找到合适的方式和途径。任何时候，要想获得成功，都必须用实力为自己代言，都要积极主动地付出，才能够赢得更多的可能性及更多的好处。有太多的时候，我们都会被浮躁蒙蔽眼睛，我们梦想着成功，却距离成功越来越远。我们有太多的好想法要去做，最终却发现这些想法只是一些空想和幻想而已。古往今来，那些真正能够获得成功的人，都是能够脚踏实地的人，他们会在人生之中奠定基础，也会在生命的道路中上不断地坚持付出。很多人都喜欢看京剧大师梅兰芳的演出，实际上梅兰芳最开始投师学艺的时候，并不被老师看好，因为他眼睛有些近视，所以眼神显得有些呆滞，老师甚至说梅兰芳天生不是从事京剧表演的料子。在这样的情况下，梅兰芳并没有放弃努力，因为是京剧世家，他从小就受到京剧耳濡目染的影响，所以他一心一意想要学习京剧。后来，为了锻炼眼神他养了很多鸽子，每天清晨一起来就放飞鸽子，盯着天空渐飞渐远的鸽子，渐渐地他的眼神变得敏锐起来。此后，在学习京剧的道路上，梅兰芳更是非常勤奋，刻苦投入，他对待京剧表演全身心地付出，甚至达到忘我的状态，因而才能获得非凡的成就。

看到这里，也许有些朋友会说："我也非常努力，坚持付出，但是我却没有什么收获。"实际上，一句网红语就可以回答这个疑问，那就是只求努力付出，不求回报。当你的付出并没有得到心中期望的回报时，只有一个理由可以解释，那就是你的付出还没有达到一定量的积累，因而无法引起质变，或者说你努力的程度还不够，并不能够让你获得想要的回报。

在骄阳似火的夏日里，一位记者来到工地上进行采访。他采访了几个正在砌砖的农民工，问这些农民工一个同样的简单的问题：“你正在做什么呢？”第一个农民工擦擦满头的大汗，牢骚满腹地说：“我还能做什么呢，吃着猪狗食，做着牛马活，在这么热的天气里还要挥汗如雨，只是为了混一口吃的而已！”第二个农民工回答：“我在砌砖呀！”第三个农民工说：“我正在建造这个美丽的城市呢！未来几年，这个城市将会变得非常漂亮，我希望我能够为这个城市的发展贡献一份力量！”记者忍不住点点头，赞许地看着第三个农民工。

几年之后的某一天，记者突然想起之前采访的三位农民工，他很想知道这三位农民工现在过得如何，因而拨通了当时特意留下的联系方式。第一个农民工正在饭馆里端盘子，他说工地上的活太累了，年纪越来越大了，不能继续干下去。第二个农民工依然在这个城市的各个工地之间辗转，靠着出卖劳动力来赚取微薄的薪水，养家糊口。第三个农民工呢，已然成为一家建筑设计公司的首席设计师，原来他对于建筑有着天生的热爱，又因为做建筑工作，所以有机会深入了解建筑、钻研建筑。就这样，第三个农民工在工地工作一段时间之后，居然考上了建筑学院设计系。

可见，一个人对于人生有怎样的梦想，愿意付出多少，就能够收获怎样的结果。在这个世界上有很多农民工，他们都做着非常辛苦的活儿，虽然出卖的是大力气，但是却只能获得微薄的薪水回报。很多农民工干了一辈子砌砖的工作，等到年纪大了，力气不足，只能回到家里在土地里刨食，而不能有更好的发展。这就是因为他们虽然出卖劳动力，却没有真正地付出。真正努力付出的是第三位农民工，他在一边出卖劳动力的同时，一边思考着自己的未来，也非常愿意为了未来而努力拼搏。

不管是在现实生活中，还是在竞争激烈的职场上，每个人要想获得成功，就一定要兢兢业业地工作，要全身心地投入到工作之中，勇敢地付出。这样一来，哪怕他们没有特别出色的能力，但是只要长期坚持不懈去努力，最终也能够在成长的道路上获得质的飞跃和突破。有的时候，我们会羡慕他们拥有好运气，实际上他们的好运气并非是从天而降的，而是在一直坚持努力之后才抓住了好机会。命运总是公平的，它给一个人关上一扇门，就会为他打开一扇窗。很多时候，它并不会立竿见影地回报一个人，但是只要我们坚持努力，它总会给我们满意的答复。时间用在哪里，哪里就会开花结果，生命的时光是有限的，我们一定要珍惜有限的生命，勇敢地付出。

禁得起诱惑，人生才能自主沉浮

还记得在《人民的名义》中第一集播放的那个赵处长吗？赵处长出身于贫苦的乡村家庭，为了能够出人头地，比别人吃了更多的苦。但是他在担任重要的职位之后，终于还是没有抵挡住诱惑，收受贿赂，而且金额巨大。令人惊讶的是，赵处长在得到这些贿赂之后，并没有去享受这些钱和东西，而是依然过着清苦的生活。由陆毅扮演的反贪局骨干人员去赵处长家里抓捕他的时候，他居然正在津津有味地吃着一碗清水煮挂面。看到这样的一位处长，很难把他与贪污巨款联系到一起，但是最终的结果却让人大跌眼镜，这位赵处长有着豪华的别墅，他把所有的钱都铺在别墅的床垫下面，大家掀开床垫之后，简直被当时的场面惊呆了。看着这样的局面，赵处长内心崩溃，他谨小慎微，虽然收了这么多钱，但是从来没有花过其中的一分钱，如今却因为这些钱葬送了前途，而且还会遭遇牢狱之灾，这显然是他无力承受的。那么，赵处长为何不能够战胜欲望、抵御诱惑，反而被欲望和诱惑俘虏呢？原因到底是什么呢？

所谓诱惑，说起来是一种非常奇怪的东西，很多人在面临诱惑的时候，往往会失去自控力，为了诱惑疯狂不已，而诱惑却在人生中始终存在，这是因为人的欲望是无底的深渊，在有欲望的情况下，很多东西都会变成诱惑。例如有的人对于钱的欲望特别大，那么钱对他们而言就是无法战胜的诱惑；有的男人喜欢美色，那么美色对于男人来说就是诱惑；有的人喜欢更高的职位，那么官职对他们来说就是诱惑；也有的人喜欢漂亮的衣服，那么名牌的时装和包包就是他们无法战胜的诱惑。一个人的欲望越多，就越容易在诱惑面前缴械投降，也有的人在一生之中始终被诱惑折磨着，无法摆脱诱惑。不可否认的是，在现实生活中，每个人都会面临各种各样的诱惑，虽然诱惑每个人的东西是不相同的，但是诱惑所起到的作用却是相同的，那就是诱惑最终会成为人们的软肋，成为人们最不能够承受攻击和打击的地方。

记得很小的时候，妈妈为了保障我们的安全，经常告诫我们不要吃陌生人给的东西。虽然随着时代的发展，陌生人不会再给我们食物吃，但是哪怕我们已经长大成人，依然会面临很多陌生人给我们各种各样的东西的局面。作为老师，学生家长为了求关注，会给他们送礼，这就是诱惑；作为一名公检法人员，那些违法涉案人员会想方设法地让家里人或者亲戚朋友给他们送去重金或者厚礼，这就是诱惑；有些年轻漂亮的女孩儿，为了拥有更多的金钱来享受短暂的人生，所以宁愿找一个年纪很大的男人嫁了，也不愿意和与自己情投意合的男孩结婚，这就是诱惑。诱惑变幻成各种各样的形象出现，始终陪伴在我们的身边，搔首弄姿，向我们伸出橄榄枝，使我们放下原则，被诱惑所俘虏。不得不说，一旦我们迷失自我，诱惑就会带给我们毁灭性的打击。

《生命不能承受之轻》是米兰·昆德拉的作品，在这本书里，米兰·昆德拉说“从现在开始，我要小心翼翼地选择自己的生活，我必须远离那些诱惑，战胜欲望。在远方有声音正在呼唤着我，他让我一直努力地向前走，不要再关心身边的流言蜚语，我无路可回头，我只能努力地向前，向前，再向前。”人的本能就是趋利避害，很多人都害怕寂寞，也不愿意享受孤单，他们更喜欢繁华的人生，也希望自己所有的欲望都得到满足。

很多人都看过《渔夫和金鱼》的故事，在这个故事里，渔夫的老婆是一个非常贪婪的人，她从生活艰难、衣食无着的状态，到后来有了大房子，有了仆人，却依然不知道满足，最终她所拥有的一切都如同海市蜃楼般离她而去，她再也没有机会拥有和享受这一切。贪婪是人的原罪之一。正是因为无底的欲望，人才会无法抗拒诱惑。只有战胜欲望，主宰欲望，我们才能够远离诱惑，也才能够让诱惑在现实生活中发挥积极的作用。

在最初面对诱惑的时候，我们往往缺乏警惕，不知道这诱惑会给我们的生活带来怎样的影响，也不知道诱惑最终是否会彻底改变我们的命运。就像很多人喜欢赌钱一样，他们最开始走上赌场的时候，并不认为赌场最终会剥夺他们所拥有的一切，相反，他们在从赌场上赚取小小的利益之后，变得非常兴奋，他们希望能够在赌场上获得更大的利益，最终他们欲罢不能，在诱惑的陷阱中越陷越深。记得连续剧《聊斋志异》中，有一些男人就是因为沉迷赌场，最终不但倾家荡产，还把妻子也输给了别人。每个人都要端正自己的心态，明白这个世界上并没有什么东西是能够平白无故就得到的，当我们意外地得到一些惊喜，一定要先冷静下来，想一想自己究竟如何做才能够真正地拥有更多的收获，不要总是为这些无缘无故、从天而降的东西而惊喜。

想让一个人拒绝诱惑是非常难的，很多人都有动物的本能性，尤其是在面对这个纷繁复杂的世界，在各种诱惑接二连三登上舞台的时候，要想远离诱惑、控制欲望，更是难上加难。从本质上来说，诱惑其实就是一种选择。在面对诱惑的时候，我们可以选择接受诱惑，也可以选择拒绝诱惑。一个人如果意志力薄弱，就很容易朝着诱惑缴械投降，但是如果一个人一直坚强，那么他就能够在诱惑的作用下，激励自己不断地进取，通过正当的渠道获得进步和成功。欲望消失，诱惑就变成了水中的浮萍，没有根，随风漂荡，所以要想戒除诱惑，我们首先要做的就是控制欲望，这样才能够真正地远离诱惑。

我们都是普通而又平凡的人，并不是可以清心寡欲的神仙。面对诱惑的时候，我们会怦然心动，这是人之常情。孟德斯鸠曾经告诫每个人都不要同诱惑争辩，面对诱惑的时候，最好的办法是远离诱惑、躲避诱惑。有些人对于自己的要求过于苛刻，他们想让自己在面对诱惑的时候丝毫不动心，实际上这是很难做到的，因为人的本能就是要满足自身的欲望。面对诱惑，丝毫不心动也是不可能的，当诱惑如同潮水般汹涌而来的时候，我们要做的不是完全抵御诱惑，而是要顺势而为，要合理地满足自己的欲望，这样才能够把诱惑降到最低。现实生活中，有很多青少年沉迷于网络游戏，是因为他们的父母在面对他们玩游戏的现状时，采取了错误的态度，如父母会要求他们坚决不能玩游戏，更不能沾染游戏。殊不知，这样绝对的制止非但不能够让青少年降低对于游戏的欲望，而且会使这个欲望越来越强。如果父母能够适度满足青少年玩网络游戏的欲望，那么他们就不会走出家门，沉迷于网吧，也不会因为玩游戏而离家出走。所以明智的父母会适度满足青少年的欲望，这实际上是帮助他们远离诱惑的最好方式之一。作为成年人，我们也同样会面临各种各样的诱惑，真正的成熟是能够正确地面对诱惑，也能够远离诱惑，从而走向理想的生活。

接受不能改变的事实

一个人即使力量再强大，也不可能控制所有的事情，更不可能满足自己所有的欲望，也无法实现自己所有的愿望。一个人的能力毕竟是有限的，在生活或者工作中，每个人只能改变很少的事情，而对于相当一部分事情只能做到尽人力听天命，也或者有些人的内心非常脆弱，他们在发现自己无法改变事实之后就会崩溃，或者彻底放弃，不愿意继续努力。这样的自甘沉沦，只会导致人们彻底失去对人生的主动权。真正明智的人面对人生的不如意，不会一味地抱怨，而是会努力地提升自己，增长自己的经验，哪怕在遭遇失败之后也绝不放弃，而是真正完善自己，让自己变得强大起来。在孩子小时候，很多父母认为自己家的孩子是最优秀的，等到孩子渐渐长大，父母面对的最大难题就是要接受孩子的平庸。对于每个人来说，小时候曾经以为自己无所不能，而随着不断成长，却越来越体会到无能为力这个词语深刻的含义。生活中有太多的事情都不会随着我们主观的愿望去发展，我们唯一能做的就是眼睁睁地看着事情发生，却无力避免。

任何改变都会引起我们的情绪波动，如曾经相爱的人彼此间的爱情渐渐消散，生命中最重要的亲人突然离开了自己。面对这样的事情，我们总是无能为力，只有被动地接受，发自内心地认可，才能够最终成长起来，掌控自己的生活。人生有很多的边界，生命给我们限定的边界是不可控的。当然，这并不意味着我们因为生命中有太多的不可控，就要彻底地放弃努力。真正的人生强者都知道，越是面对生命的不可控，我们越是要做好自己能做的事情，这样才能对生命有更深刻的感悟，也才能对人生有更深入的理解。

如果以大自然为背景来考察人类的力量，我们就会发现人类的力量是特别微弱的，不管是晴空万里还是狂风暴雨，我们都无法控制，也不可能真正改变。曾经有人说，如果不能改变外界，那就改变自己的内心，这句话其实是很有道理的。古人云，人定胜天，这样的豪言壮语虽然听起来很有气势，但是却并不能完全做到，我们真正要做的事情就是有意识地改变心态，通过改变自己来影响这个世界，而不是一定要去控制那些自己不能控制的事情，导致陷入被动和无奈之中。

很久以前，有一个人无意中得到了一颗硕大的珍珠。这颗珍珠是夜明珠，每到夜晚，它就会发出光亮，能把整个屋子都照得很亮。然而，这个人在欣赏夜明珠的时候突然发现夜明珠上有一个斑点，这个斑点虽然不是很大，但是一直存在着，让这个人心里就像长了一根刺一样很难受。思来想去，他决定想办法把这颗珍珠变得更加完美，为此他拿出一把锋利的刀，小心翼翼地刮去珍珠的表层。但是那个斑点显然并不在珍珠的表层，而是深入珍珠的内里，于是他又加了一些力气，继续刮去珍珠的里层，但是那个斑点还是没有消失，依然存在。

看着已经被刮去两层的斑点，这个人感到进退两难：如果不继续刮下去，那么此前刮去的两层就白刮了；如果继续刮下去，剩下的斑点依然存在，那么又该怎么办呢？就这样，在纠结的状态中，他继续不停地刮下去，到最后斑点终于消失了，但是珍珠却从之前的硕大变得特别小，也从价值连城变成了不值一文。就这样，珍珠所有的价值都随着斑点一起消失了，这个人非常懊悔，他此刻觉得自己为了斑点毁掉珍珠，简直就是本末倒置。他多么希望自己还拥有那颗有斑点的夜明珠，但是珍珠已经毁坏了，再也无法复原。

生命中有很多的不完美和不如意，每个人都希望人生一帆风顺、完美无瑕，然而这只是一个美好的幻想而已。对于大多数人来说，这是根本不可能实现的，因为人生的本质就是不如意、不完美。在遭遇不完美的时候，我们不能因此而影响自己的心情和行为，而是要勇敢地接受不完美、欣赏不完美，只有这样才能够拥有生存的智慧，也才能够拥有幸福快乐的人生。也许此时此刻我们就捧着属于自己的硕大珍珠，那么千万不要对这颗珍珠视而不见，也不要因为小小的瑕疵就伤害这颗珍珠，更不要对珍珠提出苛刻的条件。让珍珠大放异彩，这样才能真正实现珍珠的价值。

世界上美丽的地方很多，但是绝对完美的风景并不存在。我们与其为那些得不到的完美而无限懊丧，不如珍惜现在已经拥有的一切；我们与其因为向往美好而迷失现在，不如过好当下的每一天，努力地提升和完善生命，这样才能够让我们的人生更加接近于完美。当意识到我们并没有能力改变外界的一切时，一定要尝试着接受缺陷和瑕疵，一定要能够认清楚生活的本质。即使生活并不能让我们如意，我们也依然要怀着对生活的希望，保持良好的心态，这样才能够更加坦然地面对人生，也才能够真正地敞开怀抱，拥抱人生。

第 7 章

建立心理优势，强大的内心才是你真正的靠山

真正的强大，是内心的强大，而绝不是外强中干。真正的强大，是相信自己，是驾驭人生。每个人要想成为生命的主宰，就要建立心理优势，因为只有强大的内心才是我们的靠山，也只有源自心底的力量，才能激励我们不断地努力向前。

靠自己，才是最可靠的

人人都渴望能够拥有成功的人生，为此想尽各种方法，然而对于每个人来说，所谓的成功并不是靠命运得来的，也不是靠别人赐予的，而是靠自己努力拼搏才能得到的。要想拥有成功的人生，我们就一定要不断地提升和完善自己，让自己变得越来越优秀；要想让人生更加璀璨光芒，我们就要有主见，坚定地活好自己，而不要总是盲目地模仿他人、人云亦云。其实，生活中有很多人都活在他人的眼光之中，一旦听到他人的评价，他们就会改变自己的想法，这种行为只会导致自己变得越来越无助，而无法成功地展示自己。每个人唯一的上帝就是自己，每个人要信奉的也是自己，只有真正地主宰命运，我们才能成功地活出自己的精彩。

现实生活中，越来越多的人把人生的希望寄托在他人身上，他们动辄抱怨自己没有一个有背景的家庭，没有特别厉害的爹，而从未想过自己的努力是否已经足够，更没有想到自己距离成功还有多远。不可否认的是，有良好的家庭背景，有能力超强的的父母，的确会给我们的成功带来更强大的助力，然而并非所有的人都要靠着拼爹才能取得成功。也有人说，如今的社会已经进入拼爹时代，一个人如果没有家庭背景，也没有名利权势，是不可能获得成功的，这样的说法有失偏颇。在成长的过程中，我们一定要积极地发挥自己的能力，发挥自己的真才实干，创造自己独特的辉煌人生。

人生的目标要靠自己来实现，如果总是把生命的希望寄托在他人身上，我们最终只会自暴自弃。怨天尤人。一个心怀希望的人，不管有怎样的家庭背景，都会因为自己的积极乐观而做出伟大的成就。反之，一个人如果对于人生选择了放弃，不能最大限度实现生命的可能性，那么他们就会自暴自弃、自怜自爱，最终也会失去对于命运的掌握和主宰。

大学毕业后，很多同学都留在城市里工作，尤其是那些家就在本地的同学，更是拥有得天独厚的条件。小雨虽然学习成绩还不错，在学校里各方面的表现也都很好，但是他却没有机会留下来。他想去的公司人才济济，像他这种没有背景没有权势的人，根本不可能有机会进去，而那些愿意接收他的公司却都规模很小，也没有什么发展前景。小雨思来想去，决定回家乡创业。看到小雨背起行囊准备打道回府，大家都为小雨感到惋惜，也为小雨的前途和命运担忧。

回到家乡之后，小雨并没有自暴自弃，虽然在城市里读大学的几年生活，让他已经适应大城市的生活节奏，但是回到家乡之后，他并没有忘本，很快就适应了家里的生活模式。看到家乡有很多海鲜特产都没有人购买，小雨看到了商机，他想到如今在淘宝上做生意非常普遍，而且平台很好，因而决定自已当老板。就这样，一直没有找到合适工作的小雨，当机立断就开始经营淘宝网店。在他的用心经营下，店铺的生意越来越好。5年之后，同学聚会，小雨已经是不折不扣的老板了。

很多年轻人在大学毕业以后，以为留在大城市就是最好的选择，为此他们想尽办法，削尖脑袋往大公司钻，而实际上大公司里人才济济，在大城市中生活压力也非常大。正如人们常说的，是金子不管在哪里都会发光的，如果能够回到家乡利用当地的优势来发展事业，那么结果也将会是非常好的。

俗话说，天无绝人之路，意思就是告诉我们，每个人在生命的历程中，不管遭遇怎样的艰难，只要非常努力，总是能够找到道路向前走。在这种情况下，我们也一定要坚持不懈，而不要总是自暴自弃。人生从来不是一条平坦的大路，没有人可以拥有顺遂如意的人生，不管在生命中遭遇怎样的坎坷挫折，当跌倒的时候，我们首先要勇敢地站起来，战胜困难，这样才能够再次鼓起信心和勇气，才能够充满希望地向前进。希望并不在外界，而是源自我们的内心，生命和力量源泉是从我们心底汩汩而出的。只有微笑着面对生命赐予我们的一切，只有在面对艰难坎坷时依然满怀爱心，我们才能够在人生的道路上始终朝着希望前进，最终到达人生的巅峰。

积极地自我暗示

很多人看到他人取得伟大的成功，总觉得他人有好运气，或者有独特的背景，甚至误以为他人纯粹是侥幸。而面对自己的不如意，他们则全都归咎于命运。这样的人总是把一切的不如意归结于外界的各种因素，而没有从自身的角度出发来解决问题。实际上，有这种想法本身就是有失偏颇的，一个人如果心中没有成功的种子，又怎么可能获得成功呢？就像农民种地一样，要想收获丰硕的果实，就一定要播种，这样种子才能生根发芽。如果我们曾经接触过正面的思想，那么就会知道正念具有很强大的吸引力，也会帮助我们获得成功。从心理学的角度来说，正念的力量来自心理暗示的作用，很多人都不知道心理暗示的作用是什么。其实，每个人都会受到心理作用的影响，而且这种影响力将会彻底改变我们的命运。

为了证明心理暗示的强大作用，有一个心理学教授来到一所学校进行心理学实验，他在这所学校里随机抽取出20名学生，并且对学校的老师说，这20名学生是经过心理测试证明潜能无限的学生，将来都必定有着不同寻常的人生。老师和校长听了心理学教授的这番话，在心理学教授走了之后，再看这20名原本普通的学生，怎么看都觉得他们绝非凡人。于是在接下来的教学过程中，他们自然会更加倾向于这20名学生，几年以后，等到心理学教授再来看这些学生的时候，发现这些学生从平淡无奇变得出类拔萃，这到底是为什么呢？

难道是因为教授的一番话，这些学生的本质就发生了改变吗？实际上学生并没有太大的改变，真正改变的是学校和老师对待他们的态度，也是因为他们知道自己绝非平庸之辈后，对自己有了更高的定位，并且给了自己强烈的心理暗示作用。这就是心理暗示的强大作用。我们要想给自己更强大的力量，就要建立积极的心理暗示，反之，如果我们不管做什么事情都提不起兴致来，总是给自己消极的心理暗示，那么渐渐地我们就会迷失自己，根本不知道自己将来会有怎样的成就。

很多伟大的人都具有很强大的内心，而且会坚持给予自己积极的心理暗示。例如美国前总统罗斯福是一个残疾人，在少年时期，他还非常胆小，哪怕被老师点名提问也会提心吊胆，根本张不开嘴。那么，罗斯福到底是如何能够战胜自己，成为美国总统的呢？罗斯福之所以能够战胜内心的胆怯，后来又战胜了厄运的打击成为美国总统，就是因为他很善于运用积极的心理暗示来赋予自己正面的心理能量。他常常告诉自己要坚强、努力，也为了能够出人头地而不遗余力地付出，最终他果然获得了成功。

每个人都有无穷无尽的潜能，这个潜能平日里就像是深山里的宝藏，也像是沉睡的雄狮。每个人的潜能发掘的能力不同、程度不同，所以每个人在人生中的表现也是不相同的。所谓积极的心理暗示，之所以会对人生产生重要的影响，就是因为它能够激发出人潜在的力量，让人具有惊人的表现。

现在的职场上，很多销售行业的人每天都会对自己进行积极的心理暗示。例如他们早上会开晨会，告诉自己“我很棒”；他们会在去见客户之前，告诉自己“我一定能够成功”。看起来这样做是在走形式主义，而实际上，这种形式主义能够产生很实质的积极性力量。作为一个普通而又平凡的人，我们要想拥有不同凡响的人生，要想激发出自身的力量创造出生命的奇迹，就一定要建立积极的心态，并且经常对自己进行积极的心理暗示。伟大的人物之所以伟大，并非是因为他有独特的天赋，也不是因为他们振臂一呼应者云集。而是因为他们把希望的种子种在心里，始终都能够激励自己努力向前。也正是因为如此，他们才能够获得源源不断的动力，变得神采奕奕、蓬勃向上。

拥有强大的心理优势

古今中外，历史上有很多内心非常强大的成功人士，他们之中既有思想深邃的哲学家，也有淡然于世的修行者，还有饱经生活磨难的凡夫俗子。他们之所以总是能够成长，是因为他们有着一颗强大的内心；他们之所以能够获得众人瞩目的成功，是因为他们始终坚持正面的力量。他们有着坚不可摧的心理优势，这种强大不仅仅是他们身体上的，更是他们的精神上和心理上的。他们有一个共同的特征，那就是具有超强的忍耐力。不管是生活穷困还是受到不公正的待遇，抑或者是身体上出现严重的病痛，面对死亡的威胁，在这些极端的情况下，他们始终都有强大的内心。他们一直在构建自身的心理优势，让自己变得坚不可摧。

强大的心理优势究竟来自哪里呢？这当然不是与生俱来的，而是在后天成长的过程中，面对生活的磨难渐渐建立起来的。心理优势其实并不是一个带有感情色彩的词语，一个人内心强大，可以造福于整个世界；一个人内心强大，也可以做最美好的自己。当然，也有可能一个人内心强大，会做出极大的恶事。从社会发展的角度来说，内心强大是一种中性的力量，可以被人拿来做积极有益的事情，也可以摧毁人的内心。内心强大与道德没有关系，无法从道德角度上对内心强大的人进行评价，那么我们只能从发展自己的角度来建立心理优势，这样对于我们才是更加有效的。

虽然我们都非常普通而又平凡，但是我们依然需要拥有强大的心理优势，这对于我们的成长和发展都会有很大的好处。当然所谓的内心强大并没有一个统一的标准，有的人是真正强大，而有的人只是世俗强大，有的人希望自己变得非常强大，而有的人只希望通过自己的与众不同来彰显自身的能力。在世界历史上，有很多内心强大的人，如希特勒的内心就非常强大，但是他没有把这种力量用于维护世界的和平，反而成为一个破坏世界和平的分子。再如，耶酥的内心也非常强大，他的心中充满仁爱，所以对每个人都非常慈祥友爱，从而成为美好力量的象征和代表者。

也有一些人虽然表现出来拥有强大的心理优势，但实际上他们的内心是很虚弱的，这是因为他们对于自身的能力没有太多的把握和信心，所以才会借助于各种方式来彰显自身的力量。例如一个银行的职员，在傍晚即将下班的时候提前关闭了电脑，这个时候恰恰有一个客户需要办理一笔业务，但是这个银行职员却借口马上下班，拒绝帮助这个客户办理业务。这个银行职员能够以内心强大来形容吗？当然不能，实际上他是一个很胆小怯懦的人，他正是借助于自己的权利来表现出自己的优势，而真正强大的人会借助于自己的权利来帮助那些需要帮助的人。相比之下，银行职员的心理优势是外强中干型的，当他们不在这样的职位上，或者内心的优势消失，他们的内心世界马上就会土崩瓦解。

在与他人相处的过程中，面对那些外强中干的人，我们要理性判断，他们是真的强大还是虚伪的强大。如果对方只是虚伪的强大，那么我们一定要坚持自己的想法，同样的道理，如果对方只是内心假装强大，我们更要让自己强大起来，这样才能够与对方抗衡。当然，我们要建立真正的强大，而不是外强中干型的强大。所谓强大，实际上包含很多方面的因素，如我们要宽容地对待他人，以德报怨；如我们要能够主动地退让一步，海阔天空；如我们应该更好地面对现实，这样才能够有更好的表现。一个人真正的强大绝不仅仅体现在身体上，而是要体现在精神方面，尤其是在面对生活的坎坷境遇时，更是要打起十二分的精神，这样才能够真正强大。

建立强大的心理优势，除了要在精神上变得强大之外，还应该提升自己的智力水平。当一个人的智商、情商都很高的时候，面对那些智商和情商都不如自己的人，就会产生心理上的优势。当然，智商大多数取决于天生，情商则更多地取决于后天的培养。要想获得心理上强大的力量，我们就要努力地进取，在生活和工作的过程中有效地帮助自己不断地成长，这样才能够变得更加强大。还有一种强大，实际上是指角色的强大，当一个人处于不同的位置，他就会有不同的心理优势。例如在宗教领域里，主教总是内心强大的，因为职位让他具有更高的权力，也可以影响更多的人。例如在班级里，老师相对而言内心更强大，因为学生更多地听从老师的意见，而且要与老师和谐相处。当然，所谓的强大并不是一成不变的，每个人都在不断成长，各种各样的事情也都在不断地变化。要想获得真正的强大，我们就要更加努力，不要因为小小的挫折就放弃进步和成长。

操控那些可以控制的东西

在生命的历程中，大多数人都有着很多的欲望，而且这些欲望越是深重，他们越容易被欲望驱使，做出很多失去理性的事情。这样一来，他们不再是欲望的主宰者，而是变成欲望的奴隶。例如有的人很喜欢金钱，那么他们就会不停地赚钱，或者为了得到钱而不择手段；有的人很崇尚高官厚禄，为此他们就会想方设法地让自己的职位得以晋升，也会不择手段地去拍那些位高权重者的马屁。然而，等到生命的时光流逝，生命走到的终点的时候，大多数人都会发现，原来在生命之中，每个人真正能够把握和拥有的东西其实很少。

不管是金钱、权势还是其他的各种物质，都是我们没有办法真正拥有的，实际上在生命的历程中，我们只是使用了这些东西而已，而并不能把这些东西真正地据为己有。如此想来，我们还有必要为了好房好车消耗自己的生命，为了赚取更多的钱而放弃陪伴孩子的成长吗？

当我们不能确定自己想要怎样的生活，当我们不知道生活的重心在哪里，那么最终也许我们忙忙碌碌，却只能更感到遗憾。尤其是在现代社会，万事万物都处于瞬息万变之中，不但时代发展很快，人心也变得越来越浮躁。面对方便面似的爱情，人们也许很快就会组建家庭，但是随着离婚率的节节攀升，走出婚姻的围城恢复单身的人越来越多，归根结底就是因为大多数人都缺乏安全感，所以他们变成了控制狂。他们总想要控制所有的一切，最终却发现自己的力量很有限，而且对于很多事情根本无能为力。

很多人的控制欲都特别强，而这种控制欲有可能是在不知不觉中发展起来的。在热播的电视剧《少年派》中，闫妮扮演的王胜男就是一个控制欲很强的人，她不断对自己的丈夫和女儿提出各种要求，也总是吹毛求疵。正是因为如此，林妙妙才会不喜欢妈妈，宁愿住校，也不愿意留在家里继续面对控制欲强胜的妈妈。控制就像是一张网，会把万物都包起来，而实际上，我们在控制外界一切事情的时候，也常常控制了自己。这种不安全的感觉会让我们感到非常的无奈，也会让我们内心感到焦虑不安。如果我们总是盯着那些不能控制的事情，导致自己的内心根本不能安定，那么我们如何能够坦然从容地面对人生呢？

很多人总是抱怨自己拥有得太少，付出得太多，或者是在不知不觉间就失去了很多。实际上，如果我们不曾真正拥有那些东西，那么我们就无所谓失去。对于各种身外之物，我们应该物尽其用，把很多东西都用好，而不是要死死地看守着某一个东西，生怕它会被别人占去，被别人丢弃。这个世界上的所有东西都是生不带来、死不带去的，如果能够想清楚这一点，那么我们就不必总是有那么强的控制欲，也不必担心自己会失去各种各样的身外之物。太强烈的控制欲会让我们变得非常紧张，也会让我们与外部的人和事之间的关系变得剑拔弩张，与此同时，控制欲还会束缚我们的手脚，让我们在面对人生的时候，根本不能从容地处理务种事务。

现实生活中，因为控制欲过强导致的悲剧比比皆是。例如在婚姻生活里，有些妻子总是怀疑丈夫在外面不三不四，因而动辄就会翻丈夫的手机，或者调查丈夫的通话记录，甚至查看丈夫的信用卡消费情况；还有些妻子雇用私家侦探来监督和控制丈夫。然而这样的妻子真的获得幸福了吗？她们虽然不择手段得到了理想中的真相，但是她们非但没有幸福，反而变得非常焦虑不安，甚至原本非常幸福的婚姻生活，在这样多疑的检查方式下也问题百出，导致正常的婚姻生活宣告终结。对于妻子而言，这当然是不想得到的结果，但是她们因为内心控制欲强，非常多疑，所以无法真正做到放下心中的疑虑。

那些生性好强、疑心病重的人越是发现自己不能控制的事情，越是会过度地关注这件事情，最终与其说是他们试图控制住事情，不如说是事情已经牢牢地把他们控制住了。人不可能对所有事情都成竹在胸，牢牢地把握住，一旦产生了控制的心，那么最先控制的就是自己。控制非但无法解决问题，反而会导致问题丛生，一个控制欲强的人是不可能有自由和快乐可言的。从本质的角度来说，控制不是爱的表现，而是占有的表现；控制不是和谐相处的表现，而是自私的表现。真正爱一个人，不是为了占有他，而是希望他能够过得幸福。在父母与孩子之间，父母会送孩子一程又一程，只为了让孩子能够飞得更高、走得更远；在亲密的爱人之间，也许那个爱得更深的人会及时放手，给对方自由；在朋友之间，彼此非常尊重，相交淡如水，但是情意却非常深厚。由此可见，在这个世界上没有任何爱是因为控制而发生的。当我们过度控制一个人，或者过度渴望控制一件事情的时候，只会导致事与愿违。

每个人真正能够控制的只有自己的内心，只有自己的言行举止，当然，一个人想要控制一些东西的时候，首先应该控制好自己，这样才能够主宰和驾驭自己。既然我们无法控制很多事情，为何又一定要试图去控制每件事情呢？实际上，这是因为内心缺乏安全感导致的。人并非天生就喜欢控制，只是在后天成长的过程中感受到孤独和恐惧，也觉得自己是无能为力的，所以才想要通过控制的方式来让事态的发展变得可控。从表面看起来控制者是很强大的，而实际上，正是因为内心脆弱，他们才会试图控制。很多控制者就像一个孩子一样，他们想要得到更多的玩具，但是又很担心自己没有能力保护玩具，所以就只能通过占有玩具的方式，拒绝他人的分享，以此来保护玩具。这就是控制欲的表现之一，是因为缺乏自信引起的，作为成人，这样的情况也很普遍。另外喜欢控制的人不但内心脆弱，而且还很自私，那些喜欢控制的人往往从自身的角度出发来考虑问题，只顾着满足自己的需求和欲望，而不愿意照顾到他人的需要或满足他人的需求。这种极端自私的方式会让他们与他人交恶，无法建立良好的关系。

控制还是一种欲望，每一个控制欲强的人总是希望自己能够占有更多的东西，但是世界上的好东西那么多，任何人都无法占有所有的东西，所以这样的控制欲是根本不可能实现的。有时候，我们误以为自己已经掌控很多东西，而实际上这只是一种虚假的现象控制。我们试图说服一个人，必须做到晓之以理、动之以情，才能更好地说服他人，而不能只靠着强迫，就让他人服从我们。

人生有很多的烦恼和忧愁，我们既然不能控制很多事情，就应该学会放手，只有把那些不能控制的人或事都放下，顺其自然，顺势而为，我们才能够活得更加开心洒脱。当我们面对这个世界充满了希望，当我们愿意摊开掌心对着这个世界，相信我们会感受到更多的快乐与幸福。

第8章

知识即是财富，不断学习才可以不断让自己增值

知识就是财富。现代社会，一个人只靠着蛮干，很难有所进步。只有把学习作为进步的途径，把知识作为奋斗的资本，才能在成长的过程中不断地崛起，成就与众不同、出类拔萃的自己。

如果不学习，还能奢望人生怎么样

一个人如果不能努力学习，那么就不要希望人生有太大的进步。也许生命的规律会推动我们不断前进，但是最终当我们缺乏内部的驱动力，人生就会变得非常懈怠。如果你曾经看过哈佛大学凌晨4点半时图书馆里的情境，你就会知道这些天之骄子之所以能够进入世界顶尖大学学习，并不是出于偶然。他们非常勤奋努力，在人生的道路上坚持向前，他们希望在知识的海洋里尽情地畅游，所以会在各种各样的经典书籍中找出对自己最为有益的书籍。那么，他们为何对于学习如此痴迷呢？是因为他们知道知识就是力量，知识就是进步的驱动力，知识就是人世间最容易获得的资本。我们一旦掌握了知识，任何人都不可能偷走它，因而对于每个人来说，知识还是一笔非常宝贵的财富。现代社会，知识的力量越来越强大，已经成为人在社会上立足的资本，也是人开创命运、掌握人生的武器，还会成为隐形的资产。细心的人会发现，近些年来，很多在职场上打拼的人越来越看重学习，他们即使走出校园，走上了工作岗位，也依然会非常热衷于学习，这是因为他们深知，只有不断学习才能提升和完善自己，也只有不断学习，才能让自己时刻保持充电的状态。与其等到书到用时方恨少时，再如饥似渴地学习，不如未雨绸缪，趁着现在正值青春的好时光努力学习，这样一来我们就会掌握大量的知识，也会用知识武装自己，让自己变得强大。

现实生活中，总有人抱怨人生不如意，实际上，一个人如果不能积极努力地学习，那么还能奢望什么呢？归根结底，也许外界并不能让我们如愿以偿，或者说命运从来不会偏爱我们，但是这些都是不能改变的。我们真正唯一可以把握的就是自己的内心，只有端正态度，以积极的心态面对学习，我们才能够迎接生活的挑战，也才能够在社会激烈的竞争中脱颖而出。

在市场竞争中，有很多企业会拿出一部分资金用来给员工进行深造。例如他们会让员工去学习新的知识与技能，也会提升员工的学历，这不但能够刺激员工对待工作更加积极，也能够提高员工的工作效率。当公司的科研人员掌握更多的知识与技能之后，他们就会为企业创造更多的利润和价值，这样一来，企业与员工就实现了双赢。

大名鼎鼎的汽车企业——福特公司里有很多的科研人员。这些科研人员在大学期间都是不折不扣的精英人物，但是在现实的生产之中，他们依然会遇到各种各样的难题。有一次，有一个大型的电机发生了故障，诸多科研人员面对罢工的电机束手无策，只能大眼瞪小眼，你看着我，我看着你。因为电机发生了故障，所以整个生产线都停止运转，每一分钟都会给企业造成损失。公司的管理人员非常着急，请来了一位精通电机的权威人士，权威人士在对电机进行仔细检查之后，又把电路板拆下来看了看，他很快就找到了问题的所在，拿出笔在电路板上画了一条线，转身对身边的工作人员说："把这里的线接通！"

工作人员按照权威人士说的话把线路接通了，果然，罢工的电机当即恢复了正常的运转，开始工作起来。这个时候，管理人员问权威专家需要多少报酬，权威专家张口就要一万美元。听到这个数字，大家都觉得这个权威专家肯定是想钱想疯了，居然以这种方式进行敲诈勒索。然而管理者并没有表示异议，他当即拿起笔开了一张一万美元的支票，并且在支票上标注：画一条线只需要一美元，其他的钱都用来支付知识的费用。的确，每个人轻而易举就能画出一条线来，即使是年纪很小的孩子，也会拿起笔画线，然而，要想知道把线画在哪里才能解决问题，这就是很难做到的事情。权威专家之所以能够只用一条线就换了一万美元，是因为他拥有知识，他用知识来解决问题，所以说知识本身是无价的。如果权威专家不解决这个问题，那么公司继续停产下去，损失将会是不可估量的。

近年来，很多非常富有的人都知识渊博，他们知道如何做才能够更好地面对未来，也想知道怎么做才能够最大限度提升人生，正是因为如此，他们才会积极主动地掌握更多的知识，用知识来武装自己，也把知识转化成生产力。大名鼎鼎的石油大王洛克菲勒曾经说过，就算他身无分文进入沙漠的腹地，只要能够遇到一支商队，他就能再次创造商业帝国，成为亿万富翁。洛克菲勒为何有如此强大的自信呢？是因为他拥有知识，也能够驾驭知识为自己所用，还能用知识创造价值和无限的可能性。

无论人生的现状能否让我们满意，此时此刻，我们最重要的就是要努力学习。只有学习，我们才能拥有知识，只有学习，未来才会变得更加值得期待。

拥有真才实学，才能提升智慧

人人都想拥有智慧，有很多人都误以为智慧是与生俱来的，其实不然。当发现自己没有智慧的时候，他们总是失望沮丧，不知道如何做才能提升智慧，而实际上，只要在后天坚持学习，掌握更多的知识，遇到问题的时候勤于思考，我们就能够提升自身的智慧，让自己变得更加强大。

现代社会，即使发生战争，人与人之间肉搏战的可能性也会非常小，而是要靠着现代化的科技手段进行最遥远距离的战争。所以如果有人问世上最厉害的武器是什么，那么不要迟疑，一定要坚信只有智慧才是最厉害的武器。和智慧相比，其他的一切发明都只是智慧的结晶。虽然在智慧高度发展的情况下，那些武器会给人的生命安全带来伤害，但是实际上它们正表现出智慧的作用力。当然，要想让智慧发生积极的作用，提升我们生命的质量，最重要的就是要正确地认识智慧，也要有效地利用智慧。那么，如何才能够拥有智慧呢？我们如果不是天生就拥有智慧，那么可以用金钱去购买智慧吗？我们可以用自己拥有的一切去交换智慧吗？这当然都是不可能的。智慧虽然不能通过购买或交换的方式得到，却可以通过坚持不懈的学习，积累点滴的经验，掌握更多的知识，真正地收获智慧。在这个世界上，并没有所谓的天才存在，当我们看到他人做出了伟大的成就，在学业上有很大的进步，或者在工作上有出类拔萃的表现时，不要盲目地羡慕他人，不要认为他人都是凭着好运气才能实现这一切的，而是要知道，他人之所以能够充满智慧，能够用知识来武装自己，并不是天生就有好运气，而是因为他们非常勤奋，非常努力，并且不断坚持学习。他们非常热爱学习，希望用学习的方式来不断地提升自己，促使自己获得进步，也完善自己各方面的能力，让自己获得伟大的成就。正是因为如此，他们才能够得到他人的交口称赞，也才能以真才实学为自己代言。这就是知识的力量，这就是智慧的光芒，他们从原本默默无闻的普通人变成非常独特、与众不同的人，可以说是学习改变了他们的命运，也是学习激发出他们的内在潜能，更是学习让他们实现了人生的价值。

人生的道路是非常漫长的，在这条漫长的道路上，有无数人生的旅者都在坚持前进，有些人走得很快，不久就超越到队伍前面，有人走得很慢，总是在后面慢慢吞吞，也有人突然加速，还有人中途停止下来，不愿意继续往前走。每个人对于生命的理解都是不同的，对于人生也都有不同的目标，我们与其一味地督促自己勤奋努力，还不如目标明确地规划人生。也许有朝一日，当我们回望人生的过往时，发现在我们的身后有很多追随者，这就是智慧的力量。当然，也有可能我们在向前进的时候，发现我们的前面有很多人，这是因为他们走得比我们快，他们超越了我们。同样作为人生的旅客，我们在相互追赶和超越，我们都在努力地奔向更加美好的未来。

在人生之中，也许我们暂时拥有美貌，但是美貌是需要以时间作为保鲜剂的，随着时间的流逝，美貌一定会变得越来越衰败。同样的道理，我们也许暂时拥有强壮的身体，但是随着年龄的增长，我们的身体机能也会呈现出下降的趋势。可以说，和很多东西相比，只有学习得到的知识才是我们永恒的财富，一个人不管是出生于富贵的家庭，还是出生于贫穷的家庭里，只要他愿意，就可以坚持学习。古往今来，有很多伟大的人物之所以能够出人头地，在历史的长河中留下浓墨重彩的一笔，就是因为他们即使处于很糟糕的生存环境下，也从来没有放弃学习，他们始终都把学习作为自己不可推卸的责任，也把学习看成自己最为神圣的使命。他们一直在坚持不懈地学习，他们努力地超越他人，努力地突破自己，他们靠自己实力和能力为自己代言，从而真正地实现人生的价值和意义。

“数学之父”华罗庚从小家境贫苦，初中毕业后，因为家里无法交付学费继续学习，他只能带着书本回到家里，在父亲开的杂货铺里帮忙，处理各种杂务。即便如此，华罗庚也没有放弃学习，他非常热爱数学，有的时候为了研究一道数学题，甚至会忘记吃饭和睡觉。白天，他在杂货铺里帮忙，根本没有闲暇时间学习，到了晚上，他就会点灯夜读。有一次，华罗庚因为痴迷于钻研一道数学题，即使到了白天也无法把这道题目放下来，他一边招呼来买东西的客人，一边抽空研究数学题。有一个客人来了很长时间，一直在旁边等着，但是他却沉浸在自己的解题思路中无法自拔，父亲看到这样的情景很生气，认为华罗庚耽误了家里的生意，居然把华罗庚的书本扔到炉子里烧掉了。看到自己最宝贝的书本被父亲撕毁和烧掉，华罗庚心痛不已。从此之后，他调整好工作和学习时间，避免因为沉迷数学而耽误杂货铺的生意。

有的时候，早晨天还没亮，他就起床点灯读书；夜已经深了，他还在灯光下看书学习。不管是炎热的夏天还是寒冷的冬天，华罗庚始终对学习保持着专注和热情，正是因为如此，他才能够在艰难的条件下攀上数学领域的高峰。

没有谁的成功是一蹴而就的，也没有谁能够得到命运的馈赠，不需要努力就拥有良好的生活。命运对于每个人都是公平的，它给一个人关上一扇门之后，一定会为这个人打开一扇窗。最重要的在于面对人生，我们一定要更加积极和友善，也要做好该做的一切，尤其是在生命遭到坎坷挫折的时候，我们更要非常努力，这样才能坚持向前。

学习最重要的在于坚持，点点滴滴地积累，假以时日，我们一定能够掌握更多的知识，拥有更多的经验，也才能够跟随时代的脚步努力向前。一个人即使废寝忘食地学习，在短暂的时间里也未必会取得进步，所以，我们要保持学习的劲头，坚持每天都学习。这样一来，我们大脑的相应区域就会得到刺激，从而不断地接纳新知识，消化和吸收新知识。假如学习总是三心二意，三天打鱼两天晒网，那么就不会收到好的效果。对于学习知识来说，一定要做到持之以恒，才能在成功的道路上走得更远，才能够在未来拥有更好的表现。

随着学习逐渐深入，积累的知识越来越多，经验更加丰富，我们的智慧也会不断地提升和充实。要想成为一个有智慧的人，我们就要坚持学习，也要坚持在人生的道路上努力进取。

学习，是生存最重要的技能

很多人对于学习都很懈怠，这不是因为他们不喜欢学习，而是因为他们还没有意识到学习对于人生至关重要的意义。一个人如果始终不参与社会学习，那么他就会在成长的道路上呈现出后退的状态。也许在生命之初，他能够掌握很多生而为人的技巧，但是随着社会化进程的推进，在更加深入地接触社会生活之后，他们就会发现自己的不足，也会因此而限制自己的发展。

曾经有人在荒山野岭里发现了狼孩儿，他们把狼孩儿带到现代社会之中，结果狼孩儿并不能适应现代社会的生活，人们试图教导狼孩儿，让狼孩儿回归人的本性，却以失败而告终。1724年，德国人发现了一个狼孩儿，将其取名为彼得。彼得的言行举止和狼一样，生活习性也和狼非常相似。科学家对彼得进行了教导，他们观察彼得的行为，还试图了解彼得的思想，最终发现彼得因为从小和狼生活在一起，养成了狼的一切生活习性，所以才会呈现出狼的特点。换而言之，人类的婴儿从小就和父母生活在一起，跟着人学习，因而具备了人的习性。新生儿呱呱坠地的时候就像一张白纸一样，是完全空白的，他们并没有掌握知识，只有本能，在本能的驱动力下，他们会发生很大的改变。例如新生儿和狼在一起生活，他就会变得和狼一样；当新生儿和人在一起生活，他就会成为一个人。由此可见，后天的学习对于人的成长和发展非常重要，即便是在人类社会之中，不同的人因为学习能力不同，人生也会变得截然不同。有的人在后天学习的过程中不断地积累知识、掌握经验，因而让自身的能力得以迅速提升；也有的人在后天的成长之中总是非常懈怠，他们不愿意通过学习来掌握知识和技能，而只是懵懂度日，因而很难得到进步和成长。

那么，到底什么才是学习呢？从本质上而言，学习就是应用与实践，学习是一种能力，也是一种掌握知识的方式与技巧。在中国上下五千年的文明之中，流传下来很多书籍，通过这些书籍，文明得以传承，知识也流传下来。后人通过学习各种知识，更快速地进步，从而改变了命运。然而，如果我们想要把各种知识运用在生命的领域中，就一定要多多参与实践，这样才能够让知识体系变得更加强大，也才能够真正解决我们在现实生活中遇到的形形色色的难题。由此可见，学习并非是一种形式，而是一种深刻的把握，也是一种生存的技能表现，还是一种不可或缺的能力。

2012年，中国女孩郭萌得到了美国哈佛大学的博士研究生录取通知书。哈佛大学不但主动向郭萌抛出了橄榄枝，邀请郭萌去哈佛大学学习，而且每年还会为郭萌提供3万美元的奖学金，这足以供郭萌在美国的生活开销和学习之用。那么，郭萌为何能够得到这么好的待遇呢？要知道，很多学子削尖了脑袋想考入哈佛大学，都未必能够实现，现在哈佛大学却来主动邀请郭萌，由此可见，郭萌一定有与常人不同之处。

郭萌最大的特点就在于她学习非常刻苦。郭萌尤其喜欢学习数学，她会反复地牢记数学书本中涉及的公式与理论，然后再做大量习题，最后在熟练运用这些公式与理论的过程中提升自己的数学能力。郭萌不满足于只完成老师布置的任务和内容，而是会尝试用各种方法解答数学难题。她很清楚，书本上的知识是有限的，要想让自己在数学的领域中再上新高，就必须有创新意识，不但要积极学习更多的知识，而且要举一反三地灵活掌握和运用这些理论和原理，这样才能够在学习数学的道路上不断前进，也才能够让数学发展成为自己的特长。为了更好地学习数学，郭萌上课之外的时间基本上都待在图书馆里。有的时候，她会在图书馆里坐上一整天的时间，只为了解答一道数学题。很多人在遇到难题的时候都会选择绕道而行，但是郭萌偏偏不是这样。她是一个倔强的女孩，有着不服输的精神，在面对难题的时候，最先想到的就是要战胜难题。在这样日久天长的好习惯养成中，她解决问题的能力越来越强。偶尔，老师会为同学讲解难题，但是郭萌并不满足于此，她还会在老师讲解之后努力想到其他的解题思路。看到这里，相信大家都会恍然大悟，难怪郭萌会得到哈佛大学的录取通知书呢，面对这样一个优秀的女孩儿，相信不仅哈佛大学想要得到，其他很多大学也会对她敞开怀抱！

难道是因为郭萌在数学学习方面有独特的天赋吗？其实不然，郭萌只是一个普通的女孩，她在数学方面的学习中也经常遇到难题，而唯一的区别在于，我们遇到难题之后就会选择放弃，但是郭萌在遇到难题之后，从来不会放弃。她深知放弃并不能真的解决难题，而只有坚持学习，寻找到解决难题的方法，才能够真正地战胜困难。也可以说郭萌把学习力发挥得很好，她让学习和知识互为促进与增长，也让自身能力在学习的过程中不断得以提升，激发了自身蕴含的巨大潜能，从而真正实现了突破和创新。她能够主宰自己的人生，改变自己的命运，最终征服世界名校。

古人云：读万卷书，行万里路。这句话告诉我们只一味地学习是远远不够的，死读书不如不读书，在读书掌握知识的同时，我们还要把知识付诸实践，这样才能发挥知识的重要作用。如果我们只是枯燥地学习课本里的知识，那么渐渐地我们就会变成学习的机器，而不知道如何运用这些知识来解决问题。

具体而言，如何通过学习来掌握更多的知识，也提升自己的实践能力呢？首先，我们在学习的时候应该非常积极地思考、开动脑筋，如此才能解决很多的难题。如果总是被难题难住，不愿意发挥脑力去思索解决问题的方法，那么我们所学到的知识就会变成死知识，我们也根本无法发挥思考的力量，成功地解决很多问题。其次，对于难题要有迎难而上的精神。如果一遇到难题，就只会逃避，或者不知道如何做才能让自己的能力更强，则渐渐地 ，知识就会变得僵化。其实一切东西都应该是活跃的，才会富有创造力，面对僵化的知识，我们必须想方设法将其激活，让知识爆发出生命力。

人并非生而就具有超强的生存技能，要想让自己变得强大，就要努力提升自己的能力；要想让自己成为真正的人生强者，就要在人生的道路上努力前行。也许在未来的某一个时刻，人生之路会变得非常艰难，但是只要我们始终坚持学习，积极地面对人生，也始终心怀希望，绝不放弃努力，就能够打破人生的困境，让人生进入更为开阔的天地。

拥有空杯心态，虚心学习和进步

民间有句俗话，叫作一瓶不满半瓶晃荡，意思就是说有的人一知半解，却常常喜欢卖弄。无产阶级革命导师马克思曾经说过，一个人应该始终保持求知若渴的精神，这是因为书读得再多，也不可能掌握所有的知识，而思考得越深，越会感到自己的知识很贫乏，越会领略到科学是没有边界和止境的。在成长的道路上，每个人都应该常怀空杯心态，虚心学习，坚持进步，如果总是在掌握很少的知识之后就觉得自己已经掌握所有的知识，洞察所有的奥秘，则只会使自己不断退步。

越是无知的人，越是觉得自己懂得很多；而越是真正知识渊博的人，越是知道知识的海洋是无边无际的，自己只是学到了一丁点的知识，还有很多地方都没有了解和涉猎。所以前者往往会非常骄傲，后者往往会非常谦虚。我们每个人都要成为一个空杯子，面对知识，努力学习，而不要成为只有半瓶水的人，自以为已经掌握所有的知识，因而扬扬自得，就像半桶水一样不停地晃荡。实际上这是非常悲哀的，因为半桶水并不能真正地解决问题，却使我们变得狂妄骄傲，和没有水的人相比，我们当然是更悲哀的，因为没有水的人会努力地寻找水，想要把自己的桶装满。但是我们却自以为已经有很多水，因而放弃努力，出现退步。

有一位学者饱读诗书，满腹经纶，他自以为自己已经学尽天下的知识，听说有一位禅师也学识渊博，所以他想去找禅师切磋一番。禅师在得知学者的来意之后，为学者倒了一杯茶水，接下来，禅师就很谦虚地和学者交谈，想要与学者交流思想，学习更多的知识。然而学者听到禅师说的话平淡无奇，渐渐感到厌烦，他暗暗想道："我走了这么远的路，这么辛苦来找你，可不是想听你说这些闲话的，我还是自己去钻研学问吧，看来你也只是徒有虚名而已！"

这个时候，禅师已经留意到学者的表情发生改变，也看透了学者的心思。不过，禅师并没有指责学者不尊重自己，也没有点破学者妄自尊大，而是让徒弟拿来一壶烧开的水。他把这壶沸水注入学者的茶杯之中，虽然学者的茶杯里还有一半的茶水，但是禅师一直往其中注入沸水，结果水满了，从水杯里溢了出来。学者赶紧提醒禅师别倒了，茶杯里的水都溢出来了，禅师笑着对学者说："是啊，如果你不把茶杯里原有的水倒掉，只要往里面加入很少的水，就会溢出来的。"学者听到禅师的话，意识到禅师是在给他点明深刻的道理——水满则溢，常怀空杯心态。他恍然大悟，赶紧真诚地向禅师道歉，也希望禅师能够宽容他刚才的表现，禅师笑着点头。从此学者始终坚持空杯心态，谦虚地学习，后来成为一位大师。

学海无涯，知也无涯，每个人在知识的海洋里畅游，都不可能把所有的知识全盘掌握，所以有些人说自己涉猎很广、知识全面，实际上也只是一种说法而已。记得有一位名人说，学习知识就像饥渴的时候喝海水，越喝越渴，越是真正热爱学习、深入钻研的人，越是会见识到知识的浩瀚。所以我们必须保持空杯学习的姿态，这样才能够知道自己的不足，从而有效地提升和充实自己。

第 9 章

失败并不可怕，对失败视而不见才可怕

很多人都害怕失败，其实，失败本身并不可怕，反而会为我们暴露出很多的问题，让我们能够及时地弥补不足、改正缺点，从而争取在未来有更加给力的表现。那么，为何有的人在失败之后会一蹶不振呢？这是因为他们没有以正确的态度面对失败，而常常会在失败发生之后，变得颓废沮丧，也压根不知道要怎么做。

最可怕的是无视失败

很多人都害怕失败，他们觉得一旦失败，就是否认自己，就是证明自己在某个方面不行。而实际上真正的失败是一种检验，就像学生在参加学校的考试时会暴露出很多的问题，如果能在平日的考试中发现问题并且解决问题，那么远远比在关键时刻掉链子要好得多。面对失败，我们同样要有这样的态度。要知道，失败并不可怕，对失败视而不见才是真正可怕的事情。作为一个学生，不要因为一次考试失败就自暴自弃，只有从失败中发现问题、解决问题，努力提升自我，才能够让成绩水涨船高。作为成年人，更不要因为一次失败就自暴自弃、自我放逐。失败能够激励我们不断进步，是我们前进的驱动力，虽然这些话说起来很容易，但是真正想要做到却是难上加难。古今中外，无数成功者并不是因为有独特的天赋或者得到贵人的相助，才能获得成功，相反，他们经历了无数次的失败，每一次失败都会给他们带来经验和教训，他们正是踩着失败的阶梯不断地向上攀登，才能取得成就，登上顶峰。

失败会让人有一种挫折感，也会使人非常痛苦，这一点是毋庸置疑的，但是只要我们积极地面对失败，就能够在失败的经历中获得成长、得到收获。在这个世界上，如果没有丑，也就无所谓美；如果没有失败，也就无所谓成功。只有在失败的时候，我们才能发现自身存在的缺陷和不足，也才能够积极地弥补错误、改正缺点、获得进步。只有坚持这么去做，我们才能距离成功越来越近。有人曾说失败是成功之母，这句话非常有道理，但是并非所有的失败都能孕育出成功，归根结底要看面对失败的人能否鼓起勇气，坚持前行。也可以说失败是一个螺旋式上升的阶梯，看起来我们仿佛又回到了原点，实际上，只要我们采取正确的态度，就能在失败之中崛起，就能够借助于失败的契机，让自己变得更加完美和强大。

著名的石油大王洛克菲勒，在最初进入商海打拼的时候，就曾经遭遇过一次堪称灭顶之灾的失败。在当时，洛克菲勒和合作伙伴一起经营大豆生意，他们从一个供应商那里订购了大量的大豆，想借着大豆抢手的机会赚取人生中的第一桶金。然而，大豆才发货到他们的手里，就因为遭受突如其来的霜冻而损失大半。最糟糕的是，在仅剩的一半大豆里，供货商居然掺杂了很多泥土等杂质，这让他们所有的本钱都随着失败付诸东流。看起来他们似乎没有机会东山再起了，然而，洛克菲勒有着绝不服输的精神，即使被失败打击、内心沮丧，他也没有因此而放弃希望。

这次事件之后，洛克菲勒从父母那里借了一笔钱，他痛定思痛，从失败中汲取经验、吸取教训，又非常慎重地引进农产品，最终赚取了大量的资金。有了这些启动资金之后，他才能够把事业发展得越来越大。

人生的道路从来不会是一帆风顺的，在事业发展的过程中，洛克菲勒并没有对失败免疫，相反，他还会经历失败，但是他始终都没有放弃努力。也可以说，洛克菲勒的成功是因为他从不惧怕失败，在遭遇失败的时候，他能够深刻地分析失败的原因，也能够让自己踩着成功的阶梯不断地奋发向上。

从本质上而言，失败并不可怕，最可怕的是，人一旦遭遇失败，就放弃努力、失去希望。实际上，失败的阴影给人带来的影响才是最大的，如果沉浸在失败的阴影中不能够摆脱出来，那么人们就会变得一蹶不振。这就像孩子在学习走路一样，如果在蹒跚学步的时候摔倒而坐在地上不愿意起来，那么他永远也不可能学会走路。只有在摔倒之后，努力站起来，才能够学会走得更稳更好。

失败从来不是我们放弃努力的借口，每个人做事情都不可能一帆风顺，尤其是当有很多不利因素出现的时候，失败的可能性就会更大。作为真正的人生强者，我们一定要努力前行，在与失败和平共处的时候，也要从失败中获得前进的力量，尤其是要正视自己，不要总是为了追求完美而导致人生变得非常怯懦、止步不前。要知道，一次失败并不意味着永远都会遭遇失败，否则我们就会被失败打倒，就连曾经有过的成功，也会因此而失去光芒和色彩。所以说，真正的人生强者就是那些敢于正视失败的人，他们能够与失败和平共处，他们愿意借助于失败的机会激发自身的潜力，始终勇往直前。

不要让一次失败成为一生的禁锢

对于失败的本质，很多人都不理解，有一些内心脆弱的人在遭遇失败之后，觉得自己再也不可能获得成功，为此彻底放弃心中的希望。对于他们而言，失败就是人生的一记闷棍，能够彻底地把人打倒，让人无法再次站立起来。而实际上，失败的本质到底是什么呢？真正明智理性的人会积极地看待失败，他们知道人生不可能一帆风顺到达巅峰，成功更不可能一蹴而就，因而在遭遇失败的时候，他们非但不会沮丧绝望，反而会从失败之中看到契机。对于他们来说，失败正是通往成功路上迈出的第一步，也许在第一步遭遇失败比获得成功有着更重要的意义。这是因为人在成功之后很容易得意忘形，忘记自己曾经的努力和坚持不懈，也忘记自己遭遇的坎坷与挫折。为此，他们在成功的道路上难免会因为张狂得意而摔跟头。相反，第一步就遭遇失败的人则更加脚踏实地，他们意识到现实的情况也许并不像自己想象中那么美好和顺利，所以他们会做好心理准备，在通往成功的道路上，他们也会非常执着地前行。

新生命呱呱坠地，没有生存的技能，也没有独立生存的能力。随着不断成长，他们才开始学会独立吃饭穿衣服，学习走路。同样的道理，在人生的道路上，我们也依然需要学习各种生存的技能，才能够经过历练到达成功的境界。如果在遇到小小的坎坷挫折之后马上就选择放弃，那么人生注定会平淡无奇，我们更不可能出人头地。失败是人生的必修课，在这堂课上，我们一定要鼓起信心和勇气，坚持不懈，勇往直前，才能够最终获得成功的青睐。如果我们因为失败而一蹶不振，那么就注定了我们的一生都将碌碌无为，不可能有所成就。

现实生活中，还有很多人因为惧怕失败而放弃尝试。的确，当我们不去尝试的时候，是不可能失败的，这意味着面对人生的各种磨难，我们采取了逃避的态度。殊不知，在这么做的同时，我们固然与失败擦肩而过，却也彻底地与成功绝缘。任何事情都有两面性，在做一件事情的时候，我们有可能成功，有可能失败，成功与失败各自占据50%的可能。但是当我们放弃的时候，成功与失败的可能性都会变成零。不要总是羡慕他人有着成功的事业，也不要总是羡慕他人的人生光彩夺目，而是要先看看他人在成功之前付出的努力和坚持，也想想他人在聚光灯闪烁的背后曾经经历了多少孤独与寂寞。失败并不可怕，只要我们怀着端正的态度面对失败，就能从失败之中积累经验，就能在不断训练的过程中汲取教训。如果我们连尝试的勇气都没有，那么就注定我们的人生将毫无成功的可能。要知道，人生从来不是顺遂如意的，只有不断努力尝试，才有可能获得成功。

在现实生活中，只有少数佼佼者能够攀登上人生的巅峰，大多数人都过着平淡无奇的一生。也有很少一部分人常常被失败纠缠，在人生中受到突如其来的打击，也感受到遗憾。实际上，对于人生而言，如果不能以端正的态度面对失败，就会缺乏信心，也会导致结果不如意。真正的勇敢者在面对失败的时候，他们不会认为这是人生的定局，而是会选择再一次尝试，所以他们能够从失败中脱颖而出，到达成功的顶峰。他们有决心、有毅力，绝不轻言放弃。从某种意义上来说，哪怕是被失败纠缠，也远远比放弃一切努力来得更好，因为放弃所有的努力，就意味着我们的人生毫无可能获得成功，而突如其来的失败则意味着我们正在渐渐接近成功。

俗话说，天无绝人之路。在这个世界上并没有真正意义上的失败，所谓的失败只不过是我们在尝试的时候又一次愿望落空而已；只不过是我们的努力还不够，所以暂时还没有取得成功而已。当我们拼尽全力去坚持，当我们遇到任何糟糕的情况都绝不放弃，相信成功在我们的用心浇灌之下一定会绚烂地绽放。

承受批评，也接受赞美

人的本能总是趋利避害的，每个人都希望听到他人的赞美之词，而不希望被他人批评和否定，然而愿望毕竟只是愿望，生活从来不会按照我们所预想的那样去发展。面对生活的不如意，面对他人的批评和否定，我们又该如何呢？有很多内心脆弱的人在遭到他人的批评和否定时，马上就会一蹶不振，觉得自己无论如何努力都得不到他人的认可，这简直是太糟糕的一件事情。而实际上，面对他人的批评，如果我们能够端正心态，以积极的态度去面对，那么我们反而会获得成长，这是因为良药苦口、忠言逆耳，那些真正愿意为我们指出错误的人，都是真心为了我们好的人。反而所谓的敌人会以各种各样的赞美来麻痹我们的内心，让我们放松警惕、精神懈怠、止步不前。因为这样一来，我们就没有办法提升和完善自己。

虽然从本质上来说，遭遇批评是让人很尴尬和难堪的，也会让人产生紧张、焦虑等各种负面情绪，但是这些情绪的发生都是因为当事人没有以正确的态度面对批评导致的。要想从根本上缓解这些负面情绪，要想从根本上解决面对批评的难题，我们就要端正态度，就要学会换一个角度去真诚用心地看待他人的批评。古时代，冯梦龙写了“三言”，分别是《喻世明言》《警世通言》《醒世恒言》。在这三部著作中，冯梦龙告诫人们为人处世需要注意的事项，也批评了社会上很多的不良现象。很多人都从“三言”中获得进步。当我们能够从容坦率地把他人的批评汇聚到一起，认真总结和反思，有则改之，无则加勉，那么相信我们将会以很快的速度进步和成长。

当然，在遭受到批评的时候，本能地人会产生对抗情绪，有些无法控制自身的情绪、脾气且内心比较急躁的人还会暴跳如雷；而有些非常胆小怯懦、不好意思直接与他人争辩的人，则会因为委屈而默默地掉眼泪。实际上，不管以哪种态度来面对批评，被批评者的内心都会波澜起伏、情绪激动。要想从批评中汲取养分，促进自己进步和成长，我们就一定要从容地面对批评，切勿因为情绪冲动就以恶劣的态度对待他人，更不要因为自身的很多错误和弱点，就采取掩耳盗铃的态度甚至反驳批评者。否则就只有一个结果，那就是再也没有人对我们直言相劝。这样一来，我们还如何能够进步和成长呢？在接受批评这个方面，我们要学学美国前总统林肯，虽然林肯曾经是位律师，能言善辩，但是他对待批评从来不会反唇相讥，而是会坦率接受。

林肯担任总统期间，爱德华担任军务部长。有一次，爱德华因为工作上的事情与林肯产生了分歧。林肯当时很想与一个自私自利的政客交好，所以就听从政客建议下达命令调集军队，但是爱德华非常生气，他认为林肯居然同意下达这样的命令，简直就是愚蠢者的做法。为此，他对林肯破口大骂，而且怒不可遏。

后来，有人把爱德华的话传到林肯的耳中，林肯听到爱德华对自己破口大骂之后，非常平静，他并没有像大家所想的那样当即火冒三丈。他说："假如爱德华说我很愚蠢，那我肯定非常愚蠢，因为爱德华是一个非常谨慎慎重的人，他做事情往往都是正确的，所以我必须亲自去问问他，我到底哪件事情做得很愚蠢。"后来，林肯真的亲自拜访了爱德华，并且询问爱德华为何要这么生气。爱德华向林肯解释了自己生气的原因，并且把情况深入分析给林肯听，这个时候林肯才意识到自己下达的命令是错误的，于是当即把命令收了回来，并且为自己犯下如此愚蠢的错误，诚恳地向爱德华道歉。

林肯当时可是美国的总统，在得知军务部长怒骂自己之后，他非但没有生气，反而还亲自去拜访爱德华，询问爱德华生气的原因。被爱德华批评之后，他也没有为自己辩解，而是理性地分析自己为何会做出错误的行为，并且最终做出了正确的决定。不得不说，林肯是一个有着博大胸怀的人，所以他在面对爱德华的批评时才能怀着真诚坦率的态度，他也因此才能够不断地进步，在政治方面有非常杰出的表现。

一个人如果不能正确地对待他人的批评，虚心地接受他人的不同意见，那么，在生活和工作中，就会对新事物心生抵触，也根本无法和平友好地与身边的人相处。虽然批评从表面上看起来就像一只蜷缩成一团的刺猬，浑身都有尖刺，但实际上只要能够驯服刺猬，刺猬就会非常温顺，甚至还有很多人会把刺猬当成宠物来养呢！实际上，对待批评，我们也应该采取顺毛捋的方式，以端正的态度接纳批评，也许一开始很难，但是当我们养成良好的习惯，对待批评总是有更理性的表现，渐渐地，我们就能够更加出色地成长。切记，不要对批评者心怀怨恨，而是要发自内心地感谢那些批评我们的人，这样我们才能够与批评者和谐相处，也才能够怀着理性的态度接纳批评者的批评。每一个快速进步和成长的人，都是因为他们能够虚心接纳批评，所以才能以诚恳的态度改正错误、弥补不足，也促使自己变得更加优秀。

做人千万不能故步自封，活在自己的世界里怡然自乐，当然也不能自暴自弃。在面对批评的时候，我们要以从容的态度面对，如果我们总是心甘情愿当小丑，一听到批评就火冒三丈，只能供人取笑。我们应该正确面对批评，这样才能积极地采纳他人的意见，让自己快速成长起来。不管对方批评我们是出于好心还是恶意，我们都应该真诚地感谢对方。对待批评，有则改之，无则加勉，这样一来，我们可以主动地改正自己错误的地方，也可以调整好心态，更加快乐地成长。

那么，人们为什么会害怕面对别人的批评呢？这是因为在被批评的时候，总是会触及自己的利益，或者是触及自己不想为人所知道的一面，这样一来，自己就无法继续掩饰下去，而往往要把那些不想为人所知道的方方面面都赤裸裸地呈现在他人面前。假如没有批评，人们就可以继续掩耳盗铃，活在自己虚构出来的世界里，继续自我感觉良好。虽然这个世界也许并不完美，但是孤独胆怯的灵魂躲在其中，却能够暂时得到安宁。遗憾的是，人是群居动物，没有人可以真正孤立地存在，要想与社会紧密结合，要想能够在批评之中有更好的呈现，我们就要不断完善自己。社会上的竞争越来越激烈，只靠着自我反省，我们未必能够发现自己很多的不足，只有借助于他人的批评，理性地对待他人的批评，积极地提升和完善自己，我们才能够坚持努力向上，活出独属于自己的精彩人生。

失败之后要及时反省

要想踩着失败的阶梯获得进步，不断地向上攀升，就不要忘记失败、反省、成功三部曲。单纯的失败并不能促使人获得成功，而是要以端正的态度面对失败，才能够以失败为契机，反省自己，总结经验，从而进行下一步的成功规划。

很多人误以为成功者与失败者在天赋方面有很大的差别，实际上，成功者并没有独特的天赋，也未必得到了贵人的相助，失败者更不是先天不足，或者人缘很差。如果对成功者与失败者进行认真细致的观察，就会发现二者之间最大的区别在于，成功者能够积极地面对失败，而失败者往往在受到小小的打击之后就一蹶不振。

如何正确对待成功和失败并不是简单的一句话就能概括的，有些人知道应该如何做，但很难落到行动上。很多人一旦犯错误，虽然思想上知道自己应该努力奋进，但是行为上却往往懈怠无助。有的时候，他们为了逃避错误，还会选择把错误放在一边。不得不说，这样的举动常常使他们被错误的旋涡紧紧缠绕着，无法挣脱，也根本不可能获得进步、取得成功。在失败的时候，失败者无法接受他人的批评和指正，特别是当批评者的语言并不那么委婉和善的时候，失败者更是觉得无力承受。所以说，真正能够获得成功的人，大多数是能够在他人的指责下反省自己的人，他们会以客观的进步为主要的追求目标。其实，对于每个人而言，都应该感谢那些能够为自己指出错误的人，因为一个人对自我的认知能力有限，如果他们从来不懂得反思自己，那么就根本无从进步。他人的批评与指正恰恰可以让我们更清楚地认知自己，知道自己的优势和长处，也知道自己的劣势和不足。这样一来，我们就能够有的放矢地坚持成长、取得进步。

失败之后，我们一定要进行及时的反省。反省分为两个方面，一方面是自我反省，是主动自发进行的，另一方面是在他人的提醒之下进行反省，接受他人对自己的批评，真正坦然地面对自己的错误。从人际相处的角度来说，以这样谦虚的态度面对他人的批评，有则改之，无则加勉，这其实是善于处理人际关系的表现，对于批评者而言也是最好的结果。那么当失败者真正诚心地反思自己的错误时，还可以与批评者进行更深入的交流，以免引发没有意义的争吵。但是有一点需要注意的是，在承认自己的错误时，一定要是心甘情愿的，而不能够赌气，更不能够有意气之争。现实中，很多人一旦受到他人的指责，马上就会感到非常难堪，对他人反唇相讥，甚至也有可能会言不由衷地说出攻击他人的话。从本质上来说，这样的做法是很不理性的，而且完全不属于反省的范围，反而还有可能让自己变得更加愤怒，也让对方产生不愉快的人际交往感受。如此一来，批评者与被批评者之间很容易发生争吵，导致彼此交恶。

人生从来不怕犯错误，只要这些错误是有价值的，能够激励我们进步，那么它们就是值得犯的。那么，什么是有价值的错误呢？就是在犯了错误之后，我们能够获得进步，能够通过错误来规避更大的错误。所谓没有价值的错误，就是明明知道自己犯了错误，却不愿意积极地改正，明明知道自己的错误会带来严重的后果，却依然固执己见、一意孤行。古时候有一个大名鼎鼎的诗人，他每次写出优美的词句之后，都会先读给妻子听。其实，他就是想让目不识丁的妻子亲身感受能否听懂他的诗词。如果妻子觉得诗词晦涩难懂，诗人就会进行改写，直到妻子能够轻松地听懂诗词，诗人才会把诗词公布于众。在英国，小说家狄更斯也有自我反省的好习惯。每当写好一篇文章之后，他一定会认真仔细地检查文章的内容，经过长达半年的修改，然后再发表。在半年的时间里，狄更斯不只检查一遍自己的文章，而是每天都会重复地进行检查，这样直到很长一段时间之后，他认为自己的文章已经没有错误可以改正了，才会将文章出版。这不但是对读者负责的态度，也是对自己负责的态度。

也许很多人不理解，狄更斯是大名鼎鼎的小说家，为何每次都要这样反复地修改自己的作品呢？正因为狄更斯对自己的名声非常爱惜，也想在文学创作的道路上越走越远，所以他才能够坚持自我反省，不断地修正自己的文章。成功者未必有独特天赋，也不是轻而易举地获得了成功，在光鲜亮丽的背后，他们一直在坚持和努力。即使犯错之后，他们也能勇敢地面对错误，从不放弃改正错误。他们把失败看成人生的必修课，坚持在人生的道路上不断地从失败中汲取养分，不断成长。

人生的道路上，没有人能够完全避开失败，既然失败是人生必然的经历，与其被动地面对失败，不如以积极主动的态度接纳失败，这样反而能够从失败中获得成长。要想获得成功，一定要能够迈过失败的难关，这样才能够在失败中暴露出自己薄弱的一面，继而鼓起勇气去弥补缺陷和不足，也勇敢地改正缺点和错误，让自己得以提升。

第10章

突破意识之墙，通过各种方法成就最优秀的自己

很多时候，局限和禁锢我们的不是外界的一切，而是我们的内心。正因为如此，才有名人说，每个人最大的敌人就是自己。我们唯有打破意识之墙，在成长的道路上不断地突破和超越自己，才能以各种方法成就优秀的自己，才能让自己的人生在努力之下到达巅峰。

一切皆有可能

在生活中，每当面对失败的时候，常常有人会抱怨，抱怨自己没有过人的天赋，也没有显赫的家庭背景，更没有结识贵人为自己提供千载难逢的好机会。为此，他们彻底地放弃了努力，觉得自己穷尽一生也就这样碌碌无为，哪怕非常努力，也无法改变命运的结局。实际上，这样的心态正是导致他们人生走入死结的根本原因。在现实生活中，我们往往不是因为碰到难以逾越的困难和障碍而选择放弃，相反，是因为内心缺乏希望和力量，所以才导致很多问题变得难以解决。人们常说，心若改变，世界随之改变。这个道理其实很容易理解，即当一个人面对难题的时候，如果自己轻而易举就放弃了，则根本不可能战胜难题；反之，如果内心充满了希望，始终不愿意放弃，那么他就能够把问题圆满解决。所以我们是先缴械投降，还是要与难题斗争到底，验证自己的能力呢？前者注定了会失败，而后者则很有可能在失败的同时，尝试获得成功。我们当然要选择后者，即拼尽全力去努力，明明知道希望渺茫，也要争取做到更好，这样才能够让人生不再局限，拥有广阔的天地，也让人生拥有更多的可能性。

为何人生常常会走入死胡同呢？其实，人生是没有绝境的。人生之所以进入死胡同之中无法走出来，不在于人生的各种条件，而在于我们的内心。很多时候，我们会困守在固有的思维里，不愿意摆脱出来，在这种情况下，我们不如换一种思路，这样才能打破思维的局限，打破意识的铜墙铁壁，也让思维豁然开朗。

作为一名默默无闻的作家，杰克很清楚自己的书其实并不比别人差多少，之所以不能成为畅销书，就是因为自己没有名气，也没有极富影响力的推荐者。如何才能够为自己的书提升名气呢？如果能请到一位大名鼎鼎、家喻户晓的人来给书写序，推荐自己的书，相信书一定会卖得非常火爆，甚至还会多次加印呢！想到这里，杰克感到很兴奋，然而他绞尽脑汁把家里所有的亲戚、朋友和曾经的同事都想了一遍，也没有想到哪个人有这样的号召力，可以助力他改变书的命运。

思来想去，杰克突然想到了一个人，那就是当今的总统先生。听到杰克说出他这个想法，所有人都对杰克的奇思妙想感到难以置信。他们说："总统先生每天日理万机，怎么可能抽时间给你的新书作序呢？而且，你与总统先生非亲非故，你只是总统先生无数人民中的一员而已，总统先生为何要如此偏爱你呢？"虽然被大家一致否定，但杰克并没有受到打击，他知道这是自己的书能够成为畅销书的唯一途径。他当机立断，写了一封信给总统，并且随信附上了自己的新书。他在信里对总统说："尊敬的总统先生，我很希望您能够阅读我的这本书，也给予我宝贵的意见。”几天过去后，杰克收到了总统先生的回信，随着信一起寄回来的，还有他的那本书。不过，总统先生并没有按照杰克所期望的那样读完整本书，他在信里写道：“非常抱歉，我每天都忙于公务，只看了你这本书的几页，就无法继续看下去了，所以你还是再找更合适的人读过之后给你意见吧！”得到总统先生的这几句话，杰克如获至宝，他马上打电话给出版社，告诉他们：“这本书是总统先生亲自看过的。”果然，在出版社把这个噱头打出去之后，这本书的销量马上大涨，在短短的时间里就达到了此前几倍的销量。杰克感到高兴极了，他决定继续借助于总统先生的影响力，为新书做宣传。

等到又一本新书问世，杰克又给总统写了一封信，并且随信附上了书。这一次，总统先生已经知道杰克的小心机，他决定惩罚杰克，所以在回信的时候只写了一句话：“这本书太糟糕了。”总统先生的话说得毫不留情，但是杰克脑子如同开挂了一样，他当即又打电话给出版社，告诉出版社：“总统先生说这本书太糟糕了。”出版社依然用总统先生的回信作为新书的宣传。果然，大家都想看看被总统先生评价为太糟糕的书到底是什么样的，就这样，杰克的新书卖得比前一本书更火。

如果听信了朋友的话，杰克就不会给总统先生去信，那么他也就无法捧红自己的书，把自己的书变成畅销书。幸好杰克具有大开的脑洞，也有很强的想象力，最重要的在于他还具有实干精神。他没有因为任何人的话就放弃向总统先生发出请求，而是在与总统先生保持书信往来的过程中，坚持以总统先生的回信作为新书的噱头，果然大卖特卖。

在这个世界上，没有人能够仅凭自身的能力就做好所有的事情，哪怕是总统，也无法实现自己的所有愿望。作为寻常人，我们固然要脚踏实地，却也要敢想敢干，就像事例中的杰克一样，他正是因为坚持自己的想法，也切实去做，所以才能够获得总统的反馈和回应。最后尤其需要注意的是，一定要在有好想法之后当机立断地展开行动，切勿因为自己能力不足，就总是对人生妥协。在这个世界上，没有什么是不可能的，既然一切皆有可能，我们当然必须展开实际行动，才能争取做得更好，如果在没有开始行动之前就否定自己，就放弃努力，那么只能注定失败。

从现在开始，再也不要让自己纠结在怎么可能的怪圈里，而是要打开思维，脑洞大开，让自己敢想敢干，也敢于尝试。一切都应该在切实尝试和努力之后才能得到结果，而不是用我们的假想把它扼杀在萌芽中。我们要理性地控制自己的怀疑，不要对于一切事情都认定根本不可能，唯有相信相信的力量，认识到一切皆有可能，我们才能够真正把不可能变成可能，才能够真正创造生命的奇迹。

改变思维，找到方法

俗话说，只为成功找方法，不为失败找借口。如果一个人在面对失败的时候总是为自己寻找各种各样的借口，那么他是不可能获得成功的。同样的道理，那些所谓的成功者看起来光鲜亮丽，实际上在成功的光环背后，是他们一如既往地执着和永不放弃地坚持。也许每个人的失败都有自己的原因，也许每个人的成功都有独属于自己的经历，但是所有的成功者都有一个共同点，那就是他们能够主动地改变思维，找到成功的方法，而不会因为客观条件的限制就怨天尤人。对于他们而言，一切的可能性就在于人生必须不断地尝试，不能满足于现状，而是要有更好的发展。在美国的西点军校，有一个传统人尽皆知，那就是当军官对学员说话的时候，不管军官说出什么，学员都只能回答“报告长官，是”“报告长官，不是”“报告长官，没有任何借口”，而不能对长官说“不知道”，更无须对长官解释为何不知道。在这样的传统之下，在西点军校，长官与学员之间只有简洁明了的问答，沟通的思路非常清晰，从没有任何学员会对长官进行无关紧要的辩解，也没有任何可有可无的争论。西点军校建校200多年来，始终奉行没有任何借口的行为准则，要求每个学生都做到这一点。实际上，这一点不仅对于学生遵守学校的规章制度、执行命令奠定了基础，而且对于学生的人生理念也产生了很大的影响。

毕业于西点军校的每一位学员都会想方设法地完成任务，哪怕任务非常艰巨，完成的难度很大，他们也从来不会寻找借口、逃避责任、推卸责任；哪怕他们有着非常合理的借口，他们也绝不会为自己辩解。正是因为如此，在西点军校学习期间，他们有着铁一般的纪律，而且对于上司的命令始终严格执行，从来不会以任何原因拖延执行或者推脱责任。而西点军校也以铁的纪律培养出无数优秀的军事人才。他们有着严格的自律性，在追求成功的道路上从来不会走回头路，更不会轻易放弃。

很多人一旦遭遇失败或者被他人批评，出于自我保护的本能，第一时间就会寻找各种各样的借口来为自己开脱。他们为什么这么喜欢寻找借口呢？是因为他们害怕承担责任，也担心自己的错误被公之于众之后遭到他人的嘲笑。归根结底，还是因为他们的内心很脆弱，在遇到困难的时候，他们不认为自己凭着努力就能战胜困难，而是会找各种各样的理由，先来说服自己，再去说服别人。最终，他们这么做并不能促使自己获得成功，反而会导致自己总是与失败纠缠，不管做什么事情都会遭遇失败，而距离成功越来越遥远。

在现实生活中，借口是最好找的东西。例如我们原计划完成的工作没有完成，会说是因为有突发情况；我们本应该细心做到的细节却被疏漏了，我们会说这件事情是因为上司没有交代清楚；当学习中出现各种困难，或者是导致严重的后果时，我们也会说是因为没有良好的学习氛围；甚至作为父母在带孩子的过程中出现疏忽，导致孩子受到伤害的时候，也会说是因为孩子太调皮。不得不说，这样下意识地想要推卸责任的想法，会让我们在处理各种事情的时候都陷入被动的状态，有的时候我们甚至没有意识到自己是在推卸责任，但是实际上我们正在不停地为自己开脱，始终无法帮助自己建立好的行为规则。

和承担责任相比，找借口当然更容易。就像上文所说的，父母带孩子出现失误，会抱怨孩子非常淘气，那么对于一个年幼的孩子而言，他们根本没有判断能力，难道能对自己的行为负责吗？如果他们不能负责，那么把责任推到孩子的身上，作为父母岂不是更不负责任的表现？所以借口不但是欺骗他人，也是欺骗自己，拙劣的掩饰会让我们对困难视而不见，对责任一味地推脱，最终那些喜欢找借口的人渐渐地失去责任心，面对艰巨且难以完成的任务，他们根本不敢挑战自我。

萌萌是早产儿，出生的时候才2斤多，这让她先天体弱。在进入小学阶段学习之后，因为每个学期都要考察体育成绩，萌萌尽管学习成绩非常好，但是因为体育成绩拖后腿，所以每次都无法评为三好学生。期末考试结束之后，萌萌拿到期末考试的成绩单，兴高采烈地回家给妈妈看。但是当妈妈问起萌萌有没有得到三好学生的时候，萌萌却“哇啦”一声哭了起来。得知萌萌没有获得三好学生的原因，妈妈对萌萌说：“萌萌，不要哭。你哭也没有用啊，并不能解决问题！接下来，我们要做的就是解决问题。”整个暑假，萌萌开始了黑暗的记忆，因为每天早上天不亮，妈妈就会把萌萌叫醒，然后陪着萌萌一起去附近的大学校园的操场上进行晨跑。有的时候，妈妈还会带着萌萌做一些简单的体育运动项目，如立定跳远等。一开始，萌萌累得呜呜哭，她从没有接受过如此严格的训练，也很不理解妈妈为何一定要带她进行体育锻炼。小小的她还以为妈妈非常看重那张三好学生奖状呢！

新学期开始，萌萌的体育课成绩达标了，妈妈说：“接下里，我们要拼优，只是达标远远不够。”于是整个小学和初高中阶段，萌萌一直都在坚持体育锻炼。结束了长达12年的小学和初高中阶段的学习，萌萌顺利考入一所名牌大学。在班级里，她是德智体美劳兼修的五好学生，不但学习成绩非常好，拿着学校的一等奖学金，而且不是死读书的书呆子，每当学校举行各种活动的时候，她总是能够冲在前面，作为同学们的表率。看到萌萌这么优秀，老师和同学都由衷地对她竖起了大拇指。此时，萌萌才理解到妈妈的良苦用心。

人生之中最容易找到的就是形形色色的借口，一个人如果习惯了找借口，就会在面对一切难题和挑战的时候，心安理得地蒙混过关。然而，有一天命运终究会告诉我们，当人生已经走过很远一段路程，再想去改变和发展，显然是很难的。有人说人生是一场漫长的旅程，有人说人生如同白驹过隙，转瞬即逝，不管人生是漫长还是短暂，我们都应该尽量交上满意的答卷，否则等到生命即将终结的时候，一味地陷入懊悔之中，只会导致人生出现重大的缺憾。那些心中有着远大理想的人，更应该为了成功而付出百倍的努力，而不要只是因为遭遇挫折就远离梦想。

很多人都看过一本书，名字叫《把信送给加西亚》。这本书的主角罗文是一个优秀的军官，把执行命令作为自己的首要职责和使命。正是因为如此，总统才会同意把信交给罗文，由罗文去给加西亚送信。罗文的精神很顽强，为了完成任务，他绝不寻找任何的借口。在得到总统的亲笔信之后，他排除万难把信送给了加西亚。读完《把信送给加西亚》，我们就会感受到罗文百折不挠的精神和为了实现目标勇往直前的毅力。任何时候，我们都要为了生命的前进而付出力量；任何时候，我们都要为了人生的未来而不遗余力。

在大城市的街道上，我们常常会遇到一些乞讨者。这些乞讨者之中有一些是有组织的、以赚钱为目的的乞讨队伍，也有一些是真的需要帮助的人。然而，他们有手有脚，却不想通过自身的努力来解决问题，而是想要以其他的方式不劳而获。不得不说，他们这样的思想完全是错误的，只会越来越迷失自己，根本无法真正地改变命运，还会招致他人的反感和嫌恶。不管是面对学习还是工作，抑或者是在生活的历程中，我们都应该有更好的成长，而不要总是为自己寻找各种各样的借口。在成功者的字典里，从来没有借口和理由这些词语，他们一旦接受了任务，就会不遗余力、排除万难地完成任务。他们一旦树立了目标，就会朝着目标勇往直前。每个人固然都是普通而又平凡的生命，然而要想获得真正幸福的生活，就一定要远离借口、远离理由，就一定要对人生充满热情和希望，也要为了实现人生的目标而不懈努力。

提升时间的利用率

现实生活中，常常有人抱怨自己的时间根本不够用。他们面对没有完成的作业，面对没有完成的工作任务，面对没有整理好的家务，面对没有做好的饭菜，唯一的借口就是时间不够用。但是每个人的时间都是一样多的。在这个世界上，时间是唯一绝对公平的东西，不管是对老者还是对孩子，不管是对成功者还是对失败者，时间的针脚始终嘀嘀嗒嗒地向前走，从来不曾因为任何人而短暂停留片刻，也不曾因为任何人而加快速度向前。既然如此，为何在同样的时间里有的人可以做更多的事情，而有的人却只能手忙脚乱地做好极少的事情呢？尤其是在工作中有很多职员每天从早晨忙碌到晚上，披星戴月，看起来他们是拼尽全力去工作，而实际上他们并不能把每件事情都做得圆满。这是为什么呢？

只怕作为当事人也不知道真正的原因在哪里，他们总是说自己没有时间，或者是时间不够用，所以才会无法完成本该完成的事情。但是实际上，和那些高效率的人比一比，他们就会发现问题的所在。原来不是因为高效率的人拥有更多的时间，也不是因为他们被时间薄待了，只拥有很少的时间，而只是因为他们没有提升时间的利用率，导致时间在他们的磨蹭之中悄然流逝，使得他们虽然和高效率的人经历了同样长的时间，却没有完成同样多的事情。

现代社会生活的节奏越来越快，工作上的竞争压力越来越大，每个人每天随时随地都面临形形色色的事情，这就使得人们在做很多事情的时候，总是会受到各种突如其来的事件干扰，也总是会身不由己地被所谓的干扰扰乱生活的秩序。人是群居动物，每个人都在社会之中生活，所以每个人都会面对这些干扰因素，但是最终的结果却并不相同。结果就是有的人做出了成就，有的人一事无成。这不是因为命运厚待或者偏爱谁，而是因为每个人对时间的利用率不同，所以他们在同样的时间里做出的成就不同，得到的收获也不同。举个最简单的例子来说，每天上午9点钟开始上班，到中午12点钟吃饭，中间有3个小时的时间。实际上，上午的3个小时是非常宝贵的，因为人在上午脑力充沛，思维敏捷，工作效率也更高，但偏偏有些人一不小心就让上午的3个小时溜走了。原来，他们9点钟到了公司，先是泡杯茶给自己喝，然后又去了趟厕所，等到电脑打开之后，又要例行公事地浏览当天的花边新闻，就这样磨磨蹭蹭，时间已经到10点多。想到还有一个多小时就要吃午饭了，他们未免有些心神不宁，所以不知不觉地就又把这一个多小时荒废过去了，使得这一个多小时毫无效率可言。有些人则恰恰相反。他们为了在上午的3个小时里完成那些重要且紧急的事情，会提前半个小时到达公司，在半个小时之内就把私人的事情都处理好，9点钟，也许还不到9点钟，他们就已经端坐在电脑前开始一天的工作了。上午3个小时过去，他们会完成一天之中至少70%的工作，这样一来，中午吃完午饭，他们可以悠闲地午休，然后等到3点钟之后精神更清醒的时候，再集中精神在3点到6点之间把剩下的事情都处理完。说不定，他们还有时间做一些私人的事情，或者进行休闲呢！如此珍惜上午的时间，就不会导致下午即使手忙脚乱，也无法完成既定的任务。善于利用时间的人，在上午的时间里集中精力去做事情，下午的安排就会相对轻松，这也符合人在上午精力充沛，而在下午精神倦怠的规律。所以，不要羡慕那些同事总是从事简单轻松的工作，他们的简单轻松只是你看来的简单轻松而已，他们真正承担的工作任务很重，只是因为他们会合理地利用时间，所以才能够在完成工作之余享受休闲时光。

记得有一位大名鼎鼎的管理者曾经说过，每个职员如果每天能够把60%的时间用于全身心地投入工作，那么他们工作的效率就会非常高。看到60%这个数字，相信大多数人都会感到惊讶：难道管理者对于职员的要求这么低，只要求职员把60%

的精力用于工作吗？如果认真地想一想，你就会发现在一天之中，你甚至连40%的时间都没有用于全身心地投入工作。既然如此，就不要再抱怨自己没有获得进步，也不要抱怨自己没有用于赢得上司的赏识，还是认真地反思自己，看看自己的工作有哪些做得不好吧！

众所周知，要想做成一件事情，需要很多的条件和资本。然而，大多数人往往把金钱和各种复杂的关系作为重要的资本，却忽略了对于每个人来说，时间都是特别稀缺的资源。这不是因为人们总是觉得时间不够用，而是因为时间是生命的载体，一旦我们让时间从指尖悄然流逝，那么也就意味着生命在以我们无法觉察的方式悄然流逝。所以从现在开始再也不要抱怨时间不够用，也不要抱怨人生总是有太多的事情需要处理，我们应该更加理性地面对时间，也应该更加珍惜时间，这样才能够提升时间的使用率，让生命的效率成倍增长，也让人生拥有更多的收获。

态度影响时间管理

很多事情都会受到态度的影响，正因为如此，大名鼎鼎的作家狄更斯才说，相比起各种各样的智慧，健全的心态具有更加强大的力量。狄更斯的这句话告诉我们一个真理，那就是心若改变，世界随之改变，有什么样的心态就会有什么样的成就。当一个人总是自暴自弃、怨天尤人，那么他无论多么努力，也不可能获得成功，是因为他的努力是假装出来的，而并不是心甘情愿主动做出来的。反之，当一个人内心充满了希望，在任何情况下都不愿意向命运缴械投降，那么他就会积极向上，就会在成功的道路上有更好的表现。如果说消极的心态是人生路上的绊脚石，那么积极的心态则是人生路上的强大助力。我们是否应该以积极的心态来面对时间、管理好时间呢？这当然是很有必要的，毕竟时间是生命的载体，不管做什么事情都需要消耗时间，否则就无以为继。

既然态度会影响时间管理，那么我们在管理时间之前就先要端正态度，要对时间有正确的认知，要形成正确的时间观念，这样才能够在时间的流淌中产生紧迫感，而不至于在面对时间的流逝时丝毫无感，否则就不能形成积极主动地管理好时间的观点和意识。

具体而言，我们要做到以下几点。

首先，我们应该下定决心珍惜时间，并且要养成珍惜时间的好习惯。只有充满信心，只有坚信自己能够管理好时间，我们才能成为时间的主人，真正地驾驭时间。即使是对于两个已经走过人生大半的老人来说，如果他们对于生命的态度是不同的，他们的人生也会截然不同。举个简单的例子来说，两个已经年逾古稀的老人，一个觉得自己的人生已经走到尽头，对于做任何事情都失去兴致；而另外一个却觉得自己虽然年纪大了，但依然有很多的事情可以做，应该为了充实的人生努力拼搏，而不能给人生留下太多的遗憾。在这两种不同心态的影响下，前者每天都在等死，而后者却活得生龙活虎，不但主动学习想学的东西，而且还去完成自己未完成的心愿。那么，这样的两个老人，他们的人生能一样吗？在日本，有一个老太太以80多岁的高龄爬上了富士山；在美国，有一个老奶奶已经70多岁才开始学习画画，却拥有卓越的成就。这些都是正确理解时间、积极对待人生的好榜样。

很多人误以为人生是由外部的各种因素决定的，实际上，真正影响人生的就是心态。当我们怀着积极的心态面对人生，哪怕生命的时光已经流逝，我们也可以做出很好的表现。反之，当我们怀着积极消极的态度面对人生，尽管我们还很年轻，拥有生命的无限可能性，也会受到消极心态的影响，使得人生缺乏发展的力量。我们应该向上例中积极的老奶奶学习，不管人生走到哪一个阶段，都始终心怀希望，都能够下定决心做想做的事情，让人生有更好的呈现。

其次，我们还要合理地规划和使用时间。时间是有限的资源，绝不像很多年轻人所想的那样，时间是可以用来挥霍和浪费的。一个人如果不懂得珍惜时间，就相当于放弃了生命，每一个热爱生命的人，都要把时间作为最宝贵的资源进行合理的安排和规划。在有限的生命里，怎样才能做出更伟大的事情，实现无限的可能呢？这是需要我们认真思考的。当然，安排时间与很多因素密切相关。例如我们想要实现怎样的人生，想要拥有怎样的结果，这些都会影响到时间的规划。

最后，是要端正对于时间的态度，从而合理地管理时间。很多人在人生感到局促的时候，第一反应就是抱怨时间短暂、时间不够用，却没有想到导致这种情况出现的根本原因是什么。我们必须有信心去主宰和驾驭时间，必须全力以赴去把时间规划做得更好，否则不管做什么事情，都不可能取得良好的结果。

总之，时间是生命的流线，时间是生命的载体，也是生命的表现形式，要想真正地主宰和驾驭生命，我们就要在成长的道路上更加看重时间，也要更加珍惜和合理利用时间。

参考文献

[1]汤木. 将来的你，一定会感谢现在拼命的自己[M]. 南昌：江西教育出版社，2016.

[2]张德芬. 未来的路上遇见未知的自己[M]. 长沙：湖南文艺出版社，2016.

[3]韦秀英. 哈佛凌晨四点半[M]. 北京：北京时代华文书局，2017.

[4]王子鱼. 当世界无法改变时，改变自己[M].北京：中国华侨出版社，2016.